Jörg Pfützenreuter, Thomas Veitengruber
Die Everest-Methode

Jörg Pfützenreuter
Thomas Veitengruber

Die
Everest-Methode

Professionelles Verhandeln
für Ein- und Verkäufer

UVK Verlagsgesellschaft Konstanz · München

Weiteres Informationsmaterial finden Sie unter
everest-methode.de
verhandlungswerkstatt.de

Bibliografische Informationen der Deutschen Bibliothek
Die Deutsche Bibliothek verzeichnet diese Publikation in der Deutschen
Nationalbibliografie; detaillierte bibliografische Daten sind im Internet
über <http://dnb.ddb.de> abrufbar.

ISBN 978-3-86764-549-2

FSC
www.fsc.org
MIX
Papier aus verantwor-
tungsvollen Quellen
FSC® C006701

© UVK Verlagsgesellschaft Konstanz und München 2015
Lektorat: Rainer Berger
Einbandgestaltung: Susanne Fuellhaas, Konstanz
Einbandmotiv: © Graffizone – iStockphoto.com
Piktogramm: © vasabii – fotolia.com
Gestaltung: Claudia Rupp, Stuttgart
Druck und Bindung: CPI – Ebner & Spiegel, Ulm

UVK Verlagsgesellschaft mbH
Schützenstr. 24 · 78462 Konstanz
Tel. 07531-9053-0 · Fax 07531-9053-98
www.uvk.de

VORWORT

EVEREST ist eine Methode, nach der Einkäufer und Verkäufer gleichermaßen erfolgreich verhandeln. Doch kann das überhaupt funktionieren? Kann man Ein- und Verkäufer tatsächlich über einen Kamm scheren? Sicher nicht, werden Sie sagen, Verkäufer sind von Haus aus bis zu den Haarwurzeln aufs Verkaufen gepolt, haben das Verkaufen gewissermaßen im Blut, während Einkäufer oft nicht über vergleichbares Rüstzeug verfügen. Und auch thematisch sind sie doch so verschieden: der Einkäufer hat ein ganz anderes Ziel vor Augen als der Verkäufer.

Wäre es also nicht viel sinnvoller, zwei Verhandlungsratgeber zu schreiben: einen für die Verkäufer, damit sie noch gewiefter werden? Und einen für die Einkäufer, um sie mit einer soliden Basis auszustatten, diesem Gewieftsein souverän zu begegnen?

Wir sagen: Nein. Die Systematik, die hinter einer Verhandlung steckt, ist für alle gleich. In unseren vielen Seminaren, die wir über das erfolgreiche Verhandeln gehalten haben, im Kontakt mit den Einkäufern, Verkäufern, Personalern und Projektleitern, die uns in unseren Seminaren Einblick gaben in ihre tägliche Verhandlungsarbeit, finden wir bestätigt, was die EVEREST-Methode im Kern ausmacht: wer erfolgreich verhandeln möchte, muss die Sache systematisch angehen. Und EVEREST bietet Ihnen genau dies: eine Systematik zur Vorbereitung und Durchführung von Verhandlungen. Wer Ordnung in die vielen, vielen Parameter einer Verhandlung bringt, die ihn erwartet, hat einen klaren Blick auf sein Ziel und verliert es nicht aus den Augen, so haarig die konkrete Verhandlung dann auch werden mag.

Systematik, Ordnung, Struktur: das hört sich nach viel trockener Arbeit an, werden Sie sagen. Wir wollen Ihnen darauf mit einem entschiedenen ‚Jein' antworten. Sie werden in der Planung und Strukturierung der Verhandlung Entscheidungen treffen, darüber, wie Sie die Verhandlung führen wollen. Und dafür müssen Sie eigene Stärken und Schwächen, Ihr Team und das Ihres Verhandlungsgegners berücksichtigen, die unterschiedlichen Ziele der verschiedenen Teilnehmer, deren Persönlichkeiten, deren Schwächen. Es geht um strategische, psychologische, rhetorische Aspekte, um Zahlen, Machtgefüge, Zielsysteme und Taktik.

Bei EVEREST schicken wir Sie maximal vorbereitet in die Verhandlung. Wir möchten, dass Sie das für Sie beste Ziel aushandeln können. Klar, das erfordert Vorbereitung. Aber schon beim zweiten Mal werden Sie feststellen: das geht mir gut von der Hand. Beim dritten Mal ist die Systematik von EVEREST bereits in Sie übergegangen und bei der vierten Vorbereitung ist es wie Fahrradfahren.

Wir versprechen Ihnen: mit EVEREST haben Sie ein Handwerkszeug an der Hand, mit dem Sie alle Verhandlungen erfolgreich bestehen. EVEREST wird Ihre ganz persönliche Kompetenz, Ihre Ziele zu erreichen.

Köln und Wiesbaden, Oktober 2014

Jörg Pfützenreuter und Thomas Veitengruber

Danke

Dieses Buch ist eine Herzensangelegenheit! Es steckt viel Zeit und Leidenschaft darin und es war ein langer und spannender Aufstieg zu unserem ganz persönlichen Ziel. Wir sind stolz darauf, es erreicht zu haben – und das mit einem fantastischen Team an unserer Seite! Zuerst unsere Frauen, die nicht müde wurden, uns auf unserem Weg zu bestärken: Astrid und Natascha, dieses Buch hätte es ohne Euch nicht mal zum Basislager geschafft! Dann unsere Kinder, denen wir tägliche Übungseinheiten im erfolgreichen Verhandeln verdanken: es gibt keinen besseren Sparringspartner als Euch! Jedes Team braucht einen Optimisten. Für unseren Lektor war das Ziel von Anfang an schon so gut wie in Sichtweite: vielen Dank für Ihre immer hilfreichen Vorschläge und Ihre Unterstützung, Herr Berger! Wir haben den Aufstieg geschafft und einen hilfreichen Ratgeber geschrieben für alle, die ihre Verhandlungsziele erfolgreich erreichen wollen. Dass es dazu ein besonders lesenswertes und kurzweiliges Buch geworden ist, ist Tina Huh und Annette Wenzel zu verdanken. Euch beiden, dem Wenzel und Huh Pressebüro, gilt unser letzter Dank: Euer Schreiben, Denken und Ideenliefern haben das Buch veredelt.

ÜBER DIE AUTOREN

Thomas D. Veitengruber, geboren 1967, ist Unternehmensberater und Inhaber der VEITENGRUBER – Beratung für den Mittelstand.

Für seine Beratungstätigkeit greift der Diplom-Wirtschaftsingenieur auf eine langjährige Erfahrung als Führungskraft und Mitglied der Geschäftsleitung internationaler Industrieunternehmen zurück. Er lebte und arbeitete unter anderem in den USA, der Schweiz, Italien und Südostasien. Seine Schwerpunkte lagen dabei in Vertriebsmanagement und -steuerung, Marketing, Produkt- und Prozessmanagement, sowie in Einkauf und Supply Chain Management.

Thomas Veitengruber ist verheiratet und hat zwei Kinder. Gemeinsam mit seiner Familie lebt er im Rhein-Main-Gebiet.

 veitengruber-bm.de

Jörg Pfützenreuter, geboren 1962, ist selbständiger Trainer, Coach und Autor.

Der Diplom-Ingenieur und Diplom-Kaufmann arbeitete in seiner beruflichen Laufbahn über 15 Jahre als Führungskraft im Management und in der Geschäftsleitung internationaler Konzerne und mittelständischer Firmen. Seine Schwerpunkte lagen im globalen Einkauf, Supply Chain Management und Business Management für technische Produkte.

Er greift auf vielfältige internationale Erfahrungen aus verschiedenen Branchen und Funktionen zurück und hat viele Jahre im Ausland, u. a. Saudi-Arabien, USA, Kanada, Europa gelebt oder gearbeitet.

Heute leitet er sein eigenes Seminar-, Trainigs- und Coaching-Untermehmen in Köln und ist einer der Top-Trainer für Verhandlungsführung und persönliche Souveränität. Mittlerweile hat er in seinen Seminaren mehr als 4.500 Teilnehmer geschult.

Jörg Pfützenreuter ist verheiratet und hat vier Kinder. Er lebt mit seiner Familie in Köln.

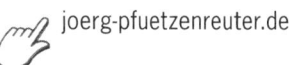 joerg-pfuetzenreuter.de

Gemeinsam haben die Autoren die Verhandlungswerkstatt gegründet, in der sie Führungskräfte, Einkäufer und Verkäufer in einem speziell auf Verhandlungstrainings zugeschnittenem Trainingscenter mit dem nötigen Handwerkszeug ausstatten, um Verhandlungen zielorientiert und erfolgreich zu führen.

 verhandlungswerkstatt.de

Textpartner
Klar, präzise und schön erzählt: Tina Huh und Annette Wenzel bilden das **Wenzel und Huh Pressebüro** in Stuttgart. Ihre Leidenschaft sind technische und komplexe Themen, auf den Punkt gebracht. Wenzel und Huh schreiben vor allem für mittelständische Unternehmen und für Konzerne und beherrschen alle Formate.

wenzelundhuh.de

INHALT

Kapitel 1

Kapitel 2

Kapitel 3

9

PROFESSIONELLES VERHANDELN FÜR EIN- UND VERKÄUFER

1

SUMMARY

Erfolgreiches Verhandeln ist keine Frage von Talent, einer glücklichen Hand oder gar Zufall – es kann erlernt werden! Und in diesem Kapitel legen wir die Basis dafür. Wir sehen uns genau an, was Verhandeln eigentlich bedeutet und lernen die vier Parameter kennen, die darüber entscheiden, ob wir unser Verhandlungsziel erreichen: Ziele, Teilnehmer, Information und zuletzt Strategie und Taktik. So mit Basiswissen ausgerüstet, können wir den Weg zum Gipfel beginnen!

1.1 Verhandeln – was bedeutet das überhaupt?

Sie betreten den Verhandlungsraum und sehen nach rechts und links – mit Ihnen sind andere Bergsteiger am Start, die wie Sie ein Ziel haben: die Verhandlung erfolgreich abschließen, den Gipfel erreichen. Was tun Sie? Einfach mal losmarschieren und auf Ihr Glück, Ihre Kraft und Ausdauer setzen? Jeder erfahrene Bergsteiger wird Ihnen sagen: Dies ist der Weg, auf dem Sie den Gipfel ganz sicher nicht erreichen. Der Berg will nicht bezwungen, er will vorbereitet sein. Jeder erfolgreiche Verhandler wird Ihnen sagen: Einzelkämpfer haben selten Erfolg. Alles, was Sie erreichen wollen, hängt immer auch vom anderen ab. Ob Sie innerhalb der Familie das Ziel der nächsten Urlaubsreise besprechen oder mit einem Kunden über den Preis für eine Lieferung diskutieren – immer müssen verschiedene Interessen auf einen gemeinsamen Nenner gebracht werden. Wie dieser Nenner dann konkret aussieht, hängt ganz davon ab, wie die Gespräche verlaufen. Und das wiederum haben Sie in der Hand!

Ohne Kommunikation kommt keine Verhandlung aus.

Beim Verhandeln stehen sich mindestens zwei Personen gegenüber, die beide das Gleiche wollen: ihr Ziel möglichst zu 100 Prozent erreichen. Zugleich wissen beide, dass keine Verhandlung zustande käme, beharrten beide Seiten auf ihren in der Regel konträren Standpunkten. Kommunikation ist das Schlüsselwort, ohne sie funktioniert es nicht; nicht umsonst heißen die gängigen Synonyme zum Wort „verhandeln" erörtern, sich besprechen, unterhalten oder konferieren.

1.2 Was passiert bei einer Verhandlung?

Gibt es einen Königsweg beim Verhandeln, der mich zielsicher zum Gipfel führt? Ganz so einfach ist es nicht, denn keine Verhandlung gleicht der anderen, und was einmal funktioniert hat, kann das nächste Mal genau der falsche Weg sein. Wetterbedingungen ändern sich, die Natur verändert die Route und jeder Einzelne im Team bringt andere Stärken und Schwächen mit ein. Aber es gibt verschiedene Mittel und Methoden, sozusagen die Ausrüstung, um Verhandlungen einzuschätzen und erfolgreich zu führen. Jeder wird außerdem mit der Zeit seinen eigenen Stil entwickeln und die passenden Methoden für seine Persönlichkeit finden. Aus einem feinsinnigen Verhandler wird keine aggressive „Bulldogge" und umgekehrt.

Je nach Verhandlung und Persönlichkeit argumentieren, feilschen, werben, handeln wir oder üben Druck aus, um den Verhandlungspartner in die Richtung unseres Wunschergebnisses zu bewegen. Dazu setzen wir rhetorische Fähigkeiten ein, spielen vielleicht, wenn vorhanden, mit unserem Charisma, bemühen uns, passende Soft Skills anzuwenden und die Gedankengänge unseres Gegenübers zu entschlüsseln.

Eine Verhandlung ist keine Terra incognita, für die man nur genügend Abenteuergeist braucht, um sie zu erforschen. Das Gegenteil ist der Fall. Es sind vier Parameter, die darüber bestimmen, wie eine Verhandlung verläuft:

- ▸ Ziele
- ▸ Informationen
- ▸ Teilnehmer
- ▸ Strategie und Taktik

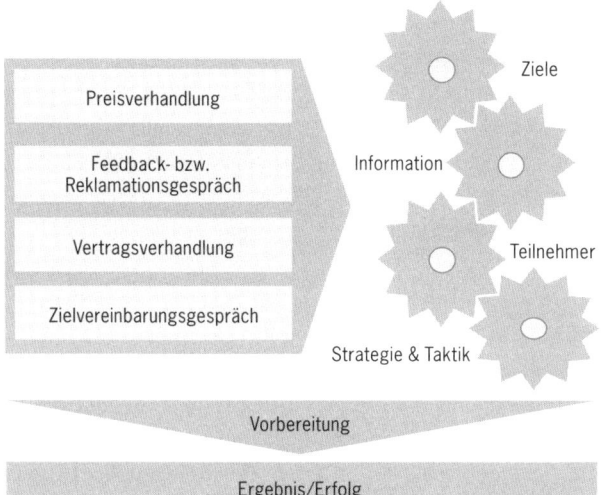

Abb. 1:
Verhandlungs-
rahmen

Über was verhandeln wir im Geschäftsleben? Da sind sicherlich als Erstes die Preisverhandlungen zu nennen. Sie haben einen hohen Stellenwert und werden oft sehr erbittert geführt, da das Ergebnis kaum transparenter sein könnte als die Zahl, die am Ende schwarz auf weiß auf dem Papier steht. Zudem müssen Einkäufer und Verkäufer gleichermaßen ein zweites Mal Geschick zeigen, wenn sie das erzielte Ergebnis intern vorstellen und eventuell rechtfertigen müssen. Wer sich hierbei keine Blöße geben will, kämpft in der Verhandlung allein schon deshalb besonders hart und entschlossen. Neben den prominenten Preisverhandlungen werden aber auch nicht minder wichtige Verhandlungen über Verträge, Reklamationen, technische Inhalte oder Zielvereinbarungen geführt. Gut zu wissen: Ganz gleich, welcher Inhalt verhandelt wird, die Parameter für den Erfolg der Verhandlung bleiben immer dieselben!

1.3 Parameter 1: Ziele

Mit welchem Ergebnis möchten Sie den Verhandlungstisch optimalerweise verlassen? Haben Sie eine genaue Vorstellung oder ist sie eher vage? Entscheidend für den erfolgreichen

Verlauf jeder Verhandlung ist es, sein Ziel genau zu kennen. Je genauer Sie es definieren, desto weniger werden Sie in die Verlegenheit kommen, plötzlich auf glattem Eis „herumzueiern" und am Ende auszurutschen. Denken Sie immer daran: Ein gewieftes Gegenüber wird Ihre „So ungefähr"-Vorstellung ohne zu zögern schamlos ausnutzen und die eigenen Ziele durchdrücken – und das, ohne dass Ihnen wirklich bewusst ist, was geschieht.

BEISPIEL

Einkäufer Ernst Erhardt hat sich im Vorfeld der Verhandlung Gedanken gemacht, welchen Hebel er ansetzen kann, um bei der Verhandlung um die Verlängerung des Rahmenvertrags mit Lieferant Volker Vogt einen Rabatt herauszuschlagen. Zwar besteht die Geschäftsbeziehung schon lange, die Qualität der Produkte ist gleichbleibend hoch und die Zuverlässigkeit legendär, aber auf der anderen Seite ist das zu vergebende Auftragsvolumen sehr attraktiv und die Wettbewerber stehen schon Schlange. Trotzdem ist Erhardts Interesse an einem Lieferantenwechsel gering, da es einigen organisatorischen Aufwand mit sich bringt, den er vermeiden möchte. Sein klares Ziel also: Ich setze den Lieferanten mit dem umkämpften Wettbewerb unter Druck und erwirke so viel Rabatt wie möglich auf die bestehende Preisliste.

Ist das Ziel schlüssig? Stellen wir diese Frage in Seminaren, kommen die Anfänger meist anerkennend zu dem Ergebnis, der Einkäufer sei ein wirklich harter Knochen. Für die Profis hingegen ist das Problem offensichtlich: Dieser Einkäufer hat überhaupt kein Ziel! Er hat die Situation strategisch analysiert und den entsprechenden Hebel „Wettbewerb" erkannt. So weit, so gut. Was er sich allerdings nicht überlegt hat, ist die genaue Definition des Ziels: Mit welcher Forderung steige ich ein, wie lautet mein Wunschziel, mit welchem Ergebnis gebe ich mich gerade noch zufrieden und wann steige ich aus?

1.4 Parameter 2: Teilnehmer

In Verhandlungen begegnet man einer Vielzahl von verschiedenen Persönlichkeiten. Die Lauten und Überheblichen, die an den Verhandlungstisch poltern und auf alles eine Antwort haben, sei sie noch so an den Haaren herbeigezogen, fallen durch ihr dominantes Auftreten besonders auf. Wir alle neigen dazu, uns von Arroganz und Aggressivität einschüchtern zu lassen. Das muss nicht sein, im Gegenteil. Wer sich von vornherein auf Überheblichkeit und Co. einstellt, lässt sich kaum von ihr beeindrucken. Doch wie macht man das? Überlegen Sie einmal, warum der andere so arrogant oder aggressiv auftritt. Man muss kein ausgebildeter Psychologe sein, um zu wissen, dass sich hinter diesem Verhalten oft Angst und Unsicherheit verbergen. Angst, zu versagen, Unsicherheit, dem Druck nicht standzuhalten, und so weiter. Sie wissen doch: Hunde, die bellen, beißen nicht. Wenn man sich das klarmacht, verliert der Furor des Gegenübers seinen Schrecken. Stellen Sie sich vor, da sitzt Ihnen jemand gegenüber, der unsicher ist und in Auftreten und Ton über das Ziel hinausschießt. Klopfen Sie ihm gedanklich verständnisvoll auf die Schulter und sagen Sie sich trotzdem: „Jetzt wird hier aber vernünftig verhandelt und Klartext geredet! Und zwar nach meinen Regeln!"

Es soll Verhandlungen geben, in denen sich zwei Partner gegenübersitzen, die nicht um den heißen Brei herumreden, sondern klar und verständlich sagen, was sie denken und was sie erreichen möchten, und die beide eine einvernehmliche Lösung herbeiführen möchten. Diese Verhandlungen sind in der Regel schnell und unkompliziert. Man kam als Partner zusammen und geht auch als Partner aus der Verhandlung wieder heraus. Die schlechte Nachricht: Solche Verhandlungen kommen in der Realität eher selten vor. Im Alltag traut die eine Seite der anderen nicht über den Weg. In der Annahme, die Gegenseite macht das ja genauso, wird taktiert, geblufft, die Ergebnisse verzögert, mitunter sogar gelogen. Schließlich will man ja nichts verschenken und sich nicht über den Tisch ziehen lassen. Am Verhandlungstisch regieren Taktik

Laut, arrogant, kumpelhaft oder großkotzig – in Verhandlungen treffen die unterschiedlichsten Persönlichkeiten aufeinander.

und Hintergedanken, Strategie und Geheimhaltung. Vertrauen und Ehrlichkeit? Die müssen leider draußen bleiben.

Und deshalb müssen Sie sich auf Ihr Gegenüber nicht im Hinblick auf ihn als Privatperson, sondern als Ihr Verhandlungspartner einstellen. Natürlich hilft es zu wissen, für welchen Fußballverein sein Herz schlägt oder ob derjenige frisch verheiratet ist. Das reicht für ein paar nette, warme Worte am Anfang der Verhandlung. Aber es bereitet nicht das Feld. Denn in Businessverhandlungen geht es nicht vertrauensvoll und unverstellt zu. Vielmehr werden bisweilen Arroganz, Überheblichkeit oder Aggressivität bewusst eingesetzt, um Ziele durchzusetzen. Denken Sie allein an den sogenannten „Eisenfresser" – wie beinharte und sehr erfahrene Profis unter den Verkäufern salopp genannt werden. Er erkennt sofort, wenn die Gegenseite die falsche Ausrüstung dabei hat und sich trotzdem auf rutschigen Untergrund wagt. Ein kleiner Rempler genügt und die Gegenseite rutscht aus: Da werden Verhandlungen verschleppt, Gegenargumente wie Platzregen eingesetzt oder durch unbequemes Verhalten auf menschlicher Ebene verunsichert, um nur einige Tricks zu nennen. Nur eines wird nicht passieren: Der Eisenfresser verschenkt keinen einzigen Cent. Der unerfahrene Einkäufer gibt sich schließlich zu schnell mit einem Nachlass von 2,5 Prozent zufrieden. Was er nicht ahnt: Der Verkäufer hatte einen viel höheren Rabatt in der Tasche und den Einkäufer lediglich durch seine Hartnäckigkeit schon bei 2,5 Prozent ausgebremst.

Und deshalb steht der Parameter Ziele an oberster Stelle. Denn was passiert, wenn der Einkäufer mit der konkreten Zielformulierung – möglichst 9 Prozent, mindestens aber 7,5 Prozent Rabatt – in die Verhandlung geht? Er wird sich niemals mit 2,5 Prozent abspeisen lassen. Der Verkäufer erhält sehr schnell das Signal: Dieser Einkäufer weiß genau, was er will, und er meint es ernst! Und wenn uns nun der notorische Eisenfresser gegenübersitzt, der die gewünschten 9 Prozent einfach nicht herausrückt? Hier bleibt dem Einkäufer nur eine Option, die Ultima Ratio: Er bricht die Verhandlung ab. Abbrechen kann dabei auch Unterbrechen im Sinne einer Denkpause heißen, die dem Einkäufer Zeit gibt, seine Ziele eventuell in einem akzeptablen Rahmen zu korrigieren. Entscheidend dabei ist aber das Signal an den Verkäufer: Ich werde mich nicht mit 2,5 Prozent zufrieden geben, egal wie hartnäckig, grob oder psychologisch trickreich der Eisenfresser an meinem Willen auch nagen mag. Sprich: Ziele sind der beste Freund in Verhandlungen, ganz gleich, wie die Teilnehmer auch heißen mögen.

Bei der Betrachtung der Teilnehmer einer Verhandlung gibt es noch einen weiteren interessanten Punkt. Jede Verhandlung, egal wie viele Leute auf der einen oder der anderen Seite am Tisch sitzen, braucht einen Verhandlungsführer. Er gibt die Reihenfolge der zu besprechenden Punkte vor, steckt den zeitlichen Rahmen und achtet auf das Einhalten der Agenda. Der Verhandlungsführer dringt aber nicht nur auf die Formalien. Er trifft auch Entscheidungen oder bricht die Verhandlung, wenn nötig, ab. Alle diese wichtigen Aufgaben sollten in einer Person gebündelt sein. Die Funktion des Verhandlungsführers ist eine machtvolle Position und meistens wird ein erfahrener Einkäufer, da er nun mal der Kunde ist, diese Aufgabe an sich reißen. Keine Chance also für den Verkäufer, auch mal Verhandlungsführer zu sein? Mitnichten. Immer wieder gehen Einkäufer mit einer „Ich warte mal ab, was passiert"-Haltung in eine Verhandlung. Sie haben keine Agenda, keinen roten Faden, keinen konkreten Plan. Diese Unerfahrenheit gilt es sofort auszunutzen! Sobald Sie als Verkäufer merken, dass der Posten des Verhandlungsführers vakant beziehungsweise ihrem Gegenüber schlicht nicht bekannt ist, bieten Sie sich freundlich an, diese Aufgabe zu übernehmen.

> **Jede Verhandlung braucht einen Verhandlungsführer.**

1.5 Parameter 3: Information

Wer seine Weggefährten und die Engpässe der Route genau kennt, hat den Vorteil auf seiner Seite. Beschaffen Sie sich also alle relevanten Informationen vor der Verhandlung, um besser einschätzen zu können, welche Ziele realistisch sind, welche Forderungen zum Scheitern der Verhandlung führen könnten und welches Vorgehen zum Ziel führt.

Unternehmen

Oft entscheiden sich Verhandlungen zugunsten derjenigen, die besser über den Verhandlungspartner, sprich das Unternehmen, informiert sind. Wie groß ist es, wie hoch ist der Verhandlungswert im Vergleich zum Gesamtumsatz oder wie wichtig ist der Auftrag für die eine wie für die andere Seite? In Zahlen umgesetzt: Sind mehr als 2,5 Prozent Rabatt einfach nicht drin, sind 5,5 Prozent realistisch oder kann ich höher einsteigen und versuchen, die 9 Prozent zu erreichen?

Folgende drei Möglichkeiten führen zu einer Einschätzung von realistischen Zielen:

Erfahrung

1. Einkäufer und Verkäufer können allein aufgrund ihrer Erfahrung eine realistische Einschätzung ihrer Verhandlungsziele vornehmen.

**Vergleichs-
angebote**

2. Der Einkäufer holt sich Vergleichsangebote ein und verschafft sich einen Überblick über den aktuellen Wettbewerb. Für den Verkäufer ist es nicht ganz so einfach: Er weiß nicht, wie sich seine Wettbewerber positionieren, zumindest nicht auf offiziellem Weg. Ganz ohne Wissen muss aber auch der Verkäufer nicht dastehen: Er kann

**Wettbewerbs-
analyse**

eine Wettbewerbsanalyse durchführen und abbilden, wie sich das Unternehmen in der Vergangenheit verhalten hat, wie seine Ziele aussehen und wie sich die aktuelle Situation darstellt.

Kostenanalyse

3. Ein für Einkäufer und bedingt auch für Verkäufer guter Weg ist eine detaillierte Kostenanalyse: Danach geht es in Verhandlungen häufig nicht mehr um den Preis an sich, sondern um die technische Erreichbarkeit des zuvor analysierten und berechneten Preises. Voraussetzung ist die Bereitschaft beider Seiten, die Kalkulation offenzulegen und den Cost-Breakdown gemeinsam zu analysieren.

**Umfeld
Marktverhält-
nisse**

Informationen über das Umfeld bzw. die Marktverhältnisse, in denen sich Einkäufer und Verkäufer bewegen, spielen eine wichtige Rolle. Wie sieht etwa der Wettbewerb aus, wie stark ist die Konkurrenz, hat der Verkäufer Alleinstellungsmerkmale oder sogar eine Monopolstellung? Informationen über die Wettbewerber bieten wichtige Hinweise zu ihrer preislichen und technischen Positionierung und die Stärken und Schwächen der einzelnen Anbieter.

Da sich der Verkäufer im Markt besser auskennt – schließlich geht es um sein Produkt in seinem Markt und seine direkten Wettbewerber –, hat er hier meist einen Informationsvorsprung. Allerdings muss er sein Produkt zusätzlich klar positionieren, Kenntnis über den Nutzen des Produkts für den Kunden haben, Vor- und Nachteile gegenüber den Wettbewerbern und die Kostenstruktur kennen und die Anforderungen des Kunden verstehen (Produkt, Logistik, Service, Beratung, Information über Updates etc.). Kurzum: Er muss zur Verhandlungskompetenz seine Vertriebskompetenz durch Markt- und Wettbewerbsanalysen untermauern.

Wettbewerber

Vertriebskompetenz

Markt- und Wettbewerbsanalysen

Alle diese Informationen über Unternehmen und Marktumfeld bilden die Machtverhältnisse ab. Dieses Bild zeigt sehr deutlich, wer stark ist und Druck ausüben kann und den längeren Atem hat oder wer etwa beim Scheitern der Verhandlung mehr zu verlieren hat.

Machtverhältnisse

In Sachen Information müssen Sie als Ein- oder Verkäufer aber auch an das Produkt selbst denken. Ein Verkäufer kennt in der Regel sein Produkt sehr gut und kann das Verhältnis von Rabatt, technischen Änderungen, Umsatz und Gewinn schon im Schlaf tanzen. Um den Kunden zu überzeugen, braucht es (aber) mehr: Es ist wichtig, Informationen zu sammeln, die die Anforderungen des Kunden genau abbilden. Wie setzt er das Produkt ein, was erwartet er vom Dienstleister, welche Verbesserung soll die neue Lösung bewirken etc.? Spitzen Sie in den Verhandlungen stets die Ohren und merken Sie sich jede Information, jedes beiläufig geäußerte Wort genau. Halten Sie das schriftlich fest und legen Sie sich eine Art Factsheet zum Kunden an. Gerade die Nebensätze bergen oft wertvolle Hinweise, die man andernorts nicht herausfinden kann.

Anforderungen des Kunden

Nehmen Sie im Zweifelsfall Fachleute aus Ihrem Unternehmen mit zur Verhandlung, vor allem dann, wenn sich Kenntnisse über technische Lösungen oder Produktdetails auf den Preis auswirken und sich Ein- oder Verkäufer ohne diesen fachlichen Beistand alleine auf unsicheren Boden begeben würden. Wer sich nicht auskennt, wird leicht über den Tisch gezogen oder die Verhandlung kommt ins Stocken und wird eindimensional („… es ist eben einfach zu teuer!").

Fazit: Vorbereitung macht den Meister! Generell sind alle Informationen wichtig, die Sie vom oder über den Kunden und das Marktumfeld sammeln können. Je mehr Sie wissen, desto besser können Sie Verhandlungsstrategie und -taktik anpassen und desto wahrscheinlicher ist es, dass Sie Ihr Ziel erreichen.

1.6 Parameter 4: Strategie und Taktik

Strategie

Wir haben die drei entscheidenden Punkte betrachtet, mit denen eine Verhandlung steht und fällt: Ziele, Teilnehmer, Informationen.

Mit diesen drei Parametern lässt sich eine Verhandlung schon sehr gut beschreiben. Ziele, Teilnehmer und Informationen sind die wichtigen Eckpunkte, aber wie führe ich sie zu einem stabilen Gebilde zusammen? Was noch fehlt, ist das Wichtigste: der Plan! Sprich: Wie genau will ich mir denn jetzt holen, was ich mir als Ziel formuliert habe? Es geht also um die geeignete Verhandlungsstrategie.

> Die Verhandlungsstrategie ist der Plan, wie die gesteckten Ziele erreicht werden sollen.

Wenn wir in unseren Seminaren in die Runde fragen, welche Verhandlungsstrategien es denn so gibt, kommen meistens die Antworten, die wir alle kennen: „good cop/bad cop" oder „möglichst hoch einsteigen" oder „mit dem Wettbewerb drohen". Doch das ist nicht Strategie, sondern Taktik, die handwerkliche Umsetzung einer Strategie.

Das folgende Schaubild verdeutlicht Strategien und die dazugehörigen Ergebnisse einer Verhandlung:

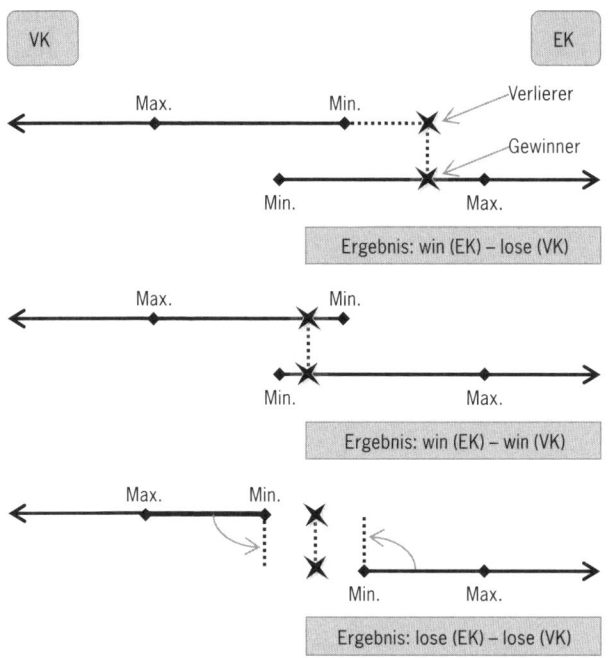

Abb. 2:
Mögliche Verhand-
lungsergebnisse

In Win-win-Verhandlungen werden Lösungen gesucht, mit denen beide Seiten gut leben können. Solche Verhandlungen münden in einem Konsens. Wenn win-win das angestrebte Ergebnis ist, wird die Verhandlung tendenziell eher weich geführt. Es geht um Nehmen und Geben. Da ist knallhartes Auftreten kontraproduktiv. Allerdings wird win-win oft nicht gewollt. Bietet die Verhandlung auch nur eine klitzekleine Chance, sich durchzusetzen, dann wird alles daran gesetzt, die eigenen Ziele zu erreichen, ohne Abstriche. Dies nennen wir hartes Verhandeln. In der Mitte von hart und weich steht der Kompromiss (lose-lose).

hart verhandeln	weich verhandeln
■ Das harte Verhandeln ist ein rücksichtsloser Kampf für den eigenen Sieg bzw. die eigenen Ziele (win-?).	■ Das weiche Verhandeln berücksichtigt die Interessen der Gegenseite. Beide Parteien sollen mit dem Ergebnis zufrieden sein.

- Es geht nicht um Annäherung, Kooperation und Ausgleich der Interessen, sondern um Durchsetzung der eigenen Interessen.
- Verhandlungsmethoden können Bedrohungen, Tricks, Manipulationstechniken, Bestechungen, Versprechen oder andere Kampfmittel sein.
- Oft wird der Verhandlungspartner durch Zähigkeit und Beharrlichkeit sowie taktische Tricks und Spielchen „weichgekocht".
- Der Verhandlungspartner wird hier tendenziell als Gegenspieler betrachtet, den es zu bezwingen gilt – notfalls auch zum Schaden des anderen.
- Nachgeben ist ein Rückschritt und keine Option.

- Das angestrebte Ziel ist ein Ergebnis, das beiden Seiten nutzt (win-win), auch wenn die „Gegner" vollkommen unterschiedliche Vorstellungen haben.
- Dies erfordert Entgegenkommen und einen entsprechenden Verhandlungsspielraum (zur Not muss sogar „lose-win" in Kauf genommen werden).
- Unter Umständen muss man von seinen ursprünglichen Vorstellungen abweichen und einen Kompromiss bzw. eine Alternative (Plan B) suchen.
- Der Verhandlungspartner soll nicht vernichtet oder unterworfen werden.
- Trotz „harter Wortgefechte" wird die Beziehung zum Geschäftspartner berücksichtigt und gepflegt.

Tab. 1:
Hartes und weiches
Verhandeln

Taktik

Die Taktik ist die praktische Umsetzung der Strategie.

Die Strategie steht fest, nun geht es darum, sie praktisch umzusetzen: Die Taktik ist gefragt. Taktik, das sind sozusagen die Zutaten Ihres Proviants für den Aufstieg. Die einen versorgen sich mit Energieriegeln und Energydrinks, die anderen bevorzugen Quellwasser, Butterbrote und Obst. Und so, wie jeder eine andere Vorstellung vom perfekten Proviant hat, unterscheiden sich auch die Vorstellungen, wie eine harte Verhandlung zu schmecken und auszusehen hat.

Guter oder schlechter Stil – ist erlaubt, was zum Erfolg führt?

Taktische Zutaten für eine Verhandlung sind zum Beispiel Fairness und Stil. Gibt es eine Bewirtung, lässt man den anderen bei einem schalen Glas Wasser verhungern, argumentiert man mit falschen Versprechen, Unwahrheiten, ist man höflich oder lässt den anderen warten? Taktische Unhöflichkeiten mögen sehr schlechter Stil sein, in Branchen, die vorwiegend hart verhandeln, führen sie aber zu guten Verhandlungsergebnissen. Ein Verkäufer, der dem Druck der Unhöflichkeit nicht standhält, gerät schnell ins Hintertreffen. Der Verkäufer kann wiederum mit seiner Taktik versuchen, den Einkäufer zu irritieren, indem er ausgesucht freundlich zu ihm ist und sich nicht von dessen Unhöflichkeiten aus dem Konzept bringen lässt. In der Wahl der taktischen Mittel ist Ihr persönlicher Geschmack entscheidend – ein sanfter Charakter wird nie ein glaubwürdiges Brecheisen sein, jemandem mit polterndem Gemüt wird es schwerfallen, dem Gegenüber Honig um den Mund zu schmieren. Bleiben Sie in der Wahl Ihrer Taktik authentisch! Denn hartes Verhandeln geht durchaus auch höflich – auch wenn Sie bei dieser Taktik sehr gut argumentieren und willensstark auftreten können müssen.

Mit folgenden taktischen Zutaten setzt man eine Verhandlungsstrategie um:

- ▸ Stil
- ▸ Auftreten
- ▸ Gesprächsführung
- ▸ Argumentieren
- ▸ Teilnehmer
- ▸ Ort und Zeit
- ▸ Organisation (beispielsweise Raum und die berühmten drei K: Kaffee, Kekse, Kaltgetränke)

Die Wahl der geeigneten Taktik wird von folgenden Faktoren beeinflusst:

- ▸ Wirtschaftliche Situation Ihres Unternehmens
- ▸ Zeitdruck
- ▸ Persönliche und charakterliche Merkmale
- ▸ Unternehmenskultur
- ▸ Marktsituation

Wir meinen: Das Gebot der Fairness sollte immer an erster Stelle stehen. Klar ist aber auch, dass Fairness eine Sache des Common Sense einer Gruppe ist. Im Eishockey gelten Bodychecks nicht als unfaires Spiel, im Fußball hingegen schon. Ein Unternehmen, das mit dem Rücken an der Wand steht und um sein Überleben kämpft, wird das Fairnessgebot anders auslegen als ein Unternehmen, das am laufenden Band dicke Gewinne einfährt. Zudem hat jeder Mensch unterschiedliche Vorstellungen davon, was er ganz persönlich als fair empfindet. Dazu kommen die Gepflogenheiten im Unternehmen. Gibt Ihre Firma Ihnen Regeln für den Umgang mit Geschäftspartnern vor? Sieht man Geschäftspartner tatsäch-

Das Gebot der Fairness ist Definitionssache.

25

lich als Partner? Oder gilt die Devise: Geht raus und zieht die Kunden/Lieferanten über den Tisch?

Ziele, Teilnehmer, Information, Strategie und Taktik – keine Frage, erfolgreich verhandeln ist eine komplexe Angelegenheit. Wer erfolgreich verhandeln will, muss diese Komplexität beherrschen, anstatt sich von ihr überrollen zu lassen. Mit EVEREST haben wir eine Methode entwickelt, mit der Sie souverän noch die letzte Facette dieser Komplexität nicht nur erkennen, sondern auch in Ihrem Sinne steuern. EVEREST funktioniert! Unsere Methode ist kein Papiertiger und existiert nicht nur auf dem Reißbrett, sondern wurde von unseren Seminarteilnehmern bereits tausendfach wirksam in ihrer Ein- und Verkaufspraxis umgesetzt. Willkommen in der Welt der erfolgreichen Verhandler!

DIE EVEREST-METHODE ZUR PROFESSIONELLEN VER- HANDLUNGSVORBEREITUNG

2

SUMMARY

Willkommen in der Welt der Gipfelstürmer! In diesem Kapitel erhalten Sie einen ersten Überblick über EVEREST. Unsere Methode funktioniert branchenunabhängig und wird deutschlandweit von Ein- und Verkäufern gleichermaßen erfolgreich angewandt. Wir beginnen also unseren Weg nach oben und behandeln ein paar wesentliche Fragen. Was hat zum Beispiel Rhetorik mit gutem Verhandeln zu tun. Was Macht und Empathie? Gibt es auch für denkbar ungünstige Ausgangspositionen eine erfolgreiche Route ans Ziel? Und wie vermeiden Sie, dass Ihnen die besten Antworten immer erst nach der Verhandlung einfallen?

Keine leichte Zeit für professionelle Ein- und Verkäufer! Die Globalisierung hinterlässt nicht nur positive Spuren und hinzu kommt eine seit Jahren schwankende (volatile) Nachfrage. Auch sie trägt nicht gerade dazu bei, die Situation zu entspannen. Kosten müssen gesenkt werden – und so, wie der Einkäufer seinen Kostendruck auf den Verkäufer abzuwälzen versucht, spielt der Verkäufer ihm diesen Ball nicht minder unerbittlich zurück. Nicht zuletzt lässt sich eine generelle Professionalisierung der Verhandlungspartner beobachten, Ein- und Verkäufer sind heutzutage schlichtweg besser ausgebildet und nicht selten mit so einigen Wassern gewaschen. Um es salopp zu formulieren: Am Verhandlungstisch saß es sich in den letzten Jahren nicht gerade gemütlich und die Einflüsse auf Entscheidungen werden vielschichtiger und damit unüberschaubarer.

> Globalisierung, Professionalisierung, Kostendruck – Verhandlungen werden immer komplexer.

Wie kann ich mich als Verkäufer in einer Verhandlung trotzdem erfolgreich durchsetzen? Auf mein Produkt allein kann ich mich heutzutage nicht mehr verlassen – tatsächlich sind viele Produkte austauschbar geworden. Qualität und Service? Auch hier gleichen die Anbieter sich immer mehr an. Im Nacken sitzen einem zudem die vielen Konkurrenten, die mitunter eine sehr aggressive Preispolitik betreiben. Nicht anders geht es mir als Einkäufer. Ich bin gehalten, Kosten zu senken. Meine Kunden fordern immer mehr Sonderwünsche und Qualität und wollen zugleich Kosten einsparen. So oder so: Der Preiskampf wird für alle Verhandlungspartner immer härter.

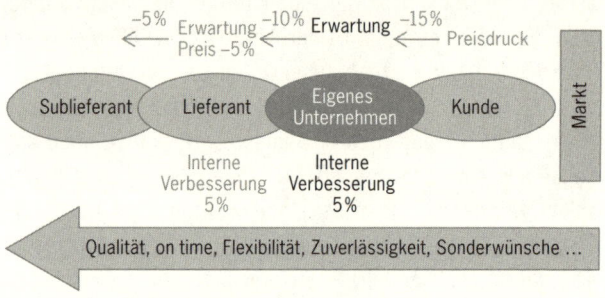

Abb. 3:
Druck aus der
Supply Chain

Wollen wir die Zustände beklagen? Oder sie vielleicht besser zu unserem Vorteil nutzen? Eben! Doch wie geht das, das erfolgreiche Verhandeln? Es geht mit einer professionellen und gründlichen Vorbereitung. Und hier liefert Ihnen die EVEREST-Methode das nötige Rüstzeug. Wir versprechen Ihnen: Mit EVEREST lassen Sie sich nicht aus der Ruhe bringen und bestehen auch im Eifer des Gefechts! Sie werden gute und tragfähige Verhandlungsergebnisse erzielen und Ihre Ziele erreichen.

Mittlerweile haben bereits viele Hundert Ein- und Verkäufer unsere Seminare besucht und wenden die EVEREST-Methode in der Berufspraxis an. Die Methode funktioniert branchenübergreifend. Egal ob Sie aus der Pharma-, Elektronik-, Maschinenbau- oder Versicherungsbranche kommen: Ihre Verhandlungsergebnisse werden Sie mit der EVEREST-Methode perfektionieren! Ein großer deutscher Automobilhersteller lässt zum Beispiel seine fast 5000 Einkäufer weltweit nach EVEREST trainieren (sollten Sie neugierig sein und im Internet recherchieren wollen – die Methode hat unternehmensintern einen anderen Namen). Und zwar, das sagen wir nun ganz unbescheiden, mit sehr, sehr großem Erfolg. Willkommen in der Welt der Gipfelstürmer!

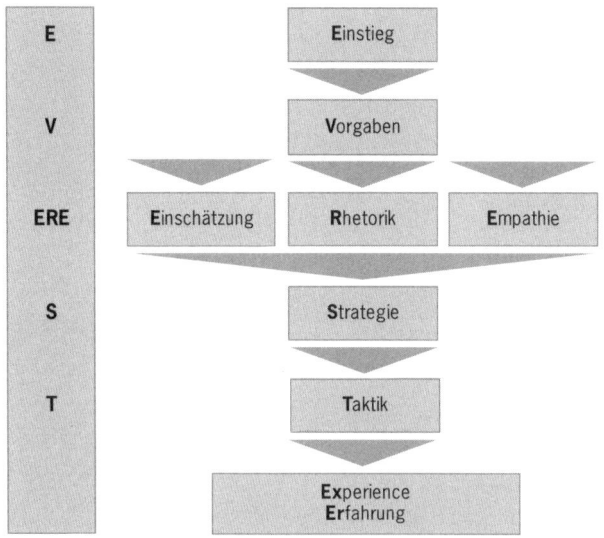

Abb. 4:
Die EVEREST-
Methode

Was leistet EVEREST? Um es auf den Punkt zu bringen: eine gute Vorbereitung auf eine Verhandlung. Mit EVEREST liefern Sie sich nicht dem Zufall aus und können agieren statt reagieren.

agieren statt reagieren

Den Einstieg Ihrer Route markiert die Beschaffung aller relevanten Informationen, die Sie für die Verhandlung benötigen. Auf Basis dieser Informationen erarbeiten Sie eine sinnvolle Zielsetzung, sozusagen Ihren ganz persönlichen Gipfelpunkt. Es gibt immer drei Hauptrouten, auf denen Sie Ihr Ziel erreichen können. Die erste und zentrale ist die Route der Rhetorik. Auf diesem Weg arbeiten Sie mit kühlen Sachargumenten, die geschickt formuliert das Gegenüber von Ihrem Standpunkt überzeugen sollen. Hier geht es um die eigenen Argumente und die zu erwartenden Argumente Ihres Gegenübers, die Sie mit geschickt eingesetzten Einwandtechniken zu entkräften versuchen. Wir nennen diesen Weg gerne den Weg der Vernunft (was aber im Umkehrschluss nicht bedeutet, dass die zwei anderen Routen unvernünftig sind).

Einstieg

Zielsetzung

Rhetorik

Drei Wege, ein Ziel – welche Route ist für Ihre Verhandlung die beste?

29

Einschätzung

Der zweite Weg führt über die Machtfrage und basiert auf einer präzisen Einschätzung Ihrer eigenen Position. Hier geht es nicht darum, zu überzeugen, sondern zu zwingen. Das kann ein ganz sanfter Zwang sein, verpackt in einer angedeuteten Warnung, einen anderen Lieferanten zu wählen, oder der Zwang sogar als massive Drohung („Wenn nicht …, dann …") daherkommen. Hier ist die große Frage: Wer hat in der Verhandlung mehr zu verlieren? Wer hat mehr Macht und kann diese ausspielen? Denken Sie an den Einkäufer, der ohne große Mühe zu einem anderen Lieferanten wechseln kann. Da kann der Lieferant die Sachargumente noch so sehr auf seiner Seite haben, wenn er im Fall, dass die Verhandlungen scheitern, ein Werk schließen muss, gibt er nach.

Empathie

Hat man weder Argumente noch die nötige Machtposition, um sich durchzusetzen, bleibt der dritte Weg über die Empathie. Auf dieser Route wird es persönlich und Sie können sie auf zwei Arten nutzen. Die erste Möglichkeit folgt dem chinesischen Sprichwort „Wenn Du Deinen Feind nicht besiegen kannst, dann umarme ihn". Hier begleiten Sympathie, Respekt und gegenseitige Achtung die Bergsteiger auf dem gemeinsamen Weg zum Gipfel. Suchen Sie ein für alle verträgliches Verhandlungsergebnis, dann wollen auch alle miteinander verhandeln. Profis am Berg wissen: In haarigen Situationen muss man ein Teamplayer sein. Wenn man sich da auf den Tod nicht ausstehen kann und Hilfe verweigert, können alle abstürzen.

Die zweite Möglichkeit, Empathie einzusetzen, ist nicht ganz so freundlich. Statt Achtung und Teamgeist geben hier ganz andere Gefühle den Ton an, nämlich Angst vor der Höhe, den kräftezehrenden Anstrengungen, der Kälte und dem drohenden Absturz bzw. Scheitern. Wer den Gipfel alleine erreichen und in erster Linie seine eigenen Interessen durchsetzen will, verhandelt deshalb hart. Sie verunsichern Ihren Verhandlungspartner also gezielt und machen ihm weis, dass er gar nicht erst versuchen soll, den Berg zu besteigen, da er mit Ihrer Unerschrockenheit und übermenschlichen Kondition sowieso nicht mithalten kann. Schleppen Sie niemanden auf Ihren Gipfel, der den Aufstieg nicht schafft.

Egoistisch und effektiv: Nutzen Sie Ihre starke Position aus und verunsichern Sie. Die anderen machen es doch auch!

Zugegeben: egoistisch, aber effektiv! Ob man das nun gut findet oder nicht, in der Praxis werden Sie eines besseren belehrt.

Drei Wege – ein Ziel. Nachdem Sie evaluiert haben, welche Route bzw. welche geschickte Kombination aus den drei Routen für die bevorstehende Verhandlung am erfolgversprechendsten ist, kümmern Sie sich um die Strategie. Die Strategie ist so etwas wie Ihr Masterplan für die gesamte Expedition zum Gipfel. Sie beschreibt im Wesentlichen, welche Route Sie für die Verhandlung nutzen wollen und können. Können Sie Ihre Ziele durchsetzen, weil die Argumente komplett auf Ihrer Seite sind? Oder schielen Sie besser auf einen Kompromiss, weil Sie sich ein Scheitern der Verhandlung nicht erlauben können? Wollen Sie den Gipfel im Team oder im Alleingang bezwingen? Auf welchem Weg wollen Sie in der Verhandlung Ihre Ziele erreichen und wie viel Verhandlungsspielraum brauchen Sie in Ihrer jeweiligen Situation.

Nach der Route die richtige Strategie wählen!

Die EVEREST-Route hat bislang also folgende Wegmarken:

E wie Einstieg. Die Basis einer sinnvollen Vorbereitung auf Verhandlungen ist Information. Machen Sie sich ein präzises Bild davon, mit wem und was Sie es zu tun haben. Besorgen Sie sich alle relevanten Informationen, die Sie über das Marktumfeld, den Kunden bzw. den Lieferanten, die Teilnehmer der Verhandlung und die Entscheidungsstrukturen bekommen können. Natürlich versteht sich, dass die Informationsbeschaffung auch die genaue Kenntnis des Verhandlungsgegenstands (des Produktes oder der Dienstleistung) und das Verständnis für die Anforderungen des Kunden einschließt. Als Verkäufer müssen Sie den Kundennutzen Ihres Produkts individuell kommunizieren und den Mehrwert sichtbar machen! Als Einkäufer sollten Sie wissen, welche Bedeutung der Auftrag hat, den Sie zu vergeben haben. Wie dringend braucht Ihr Gegenüber diesen Auftrag, wie wichtig ist das Produkt für die Leistungserstellung in Ihrem Unternehmen? Das erfahren Sie in Kapitel 3.

Einstieg

Ohne Fleiß kein Preis? Tatsächlich verhandeln die besser Informierten erfolgreicher.

Haben Sie alle Informationen beisammen, können Sie anfangen, sich über Ihre Ziele Gedanken zu machen:

**Verhandlungs-
ziele**

V wie Verhandlungsziele. In jeder Verhandlung gibt es ein ganzes Bündel von Zielen, die unterschiedlich wichtig sind (Haupt- und Nebenziele), sich bisweilen sogar widersprechen können (Zielkonflikte). Neben den Informationen, die Sie über Ihr Verhandlungsgegenüber gesammelt haben, spielen natürlich auch Vorgaben, z. B. der Unternehmensleitung oder der Fachabteilungen, in Ihr Zielkonstrukt ein.

**Das Zielsystem
enthält Haupt-
und Nebenziele
und bildet Ihren
Verhandlungs-
spielraum ab.**

Vergegenwärtigen Sie sich Ihr Zielsystem, priorisieren Sie einzelne Ziele und stecken Sie auf dieser Grundlage den eigenen Verhandlungsspielraum ab. Ihr Zielsystem, das sind die vernünftigen Wegmarken, die Sie sich auf Ihrem Weg nach oben setzen. Davon handelt Kapitel 4.

Nun überprüfen Sie, inwiefern Ihnen die drei zur Verfügung stehenden Hauptrouten beim Besteigen des Gipfels oder besser beim Erreichen Ihrer Verhandlungsziele nutzen können. Das bringt uns zum ersten Schritt auf der EVEREST-Route, der Einschätzung der Ausgangsposition:

**Einschätzung der
Ausgangsposition**

E wie Einschätzung der Ausgangsposition. Nun geht es gewissermaßen darum, Ihre Verhandlungssituation unter den Gesichtspunkten Marktmacht und Versorgungsrisiko zu analysieren. Wie abhängig sind Sie und Ihr Verhandlungspartner voneinander? Wer ist mächtiger? Welche Auswirkungen hat es, sollte die Verhandlung scheitern? Wer

**Ihre Ausgangs-
position: Wer
ist mächtiger
und welche
Abhängigkeiten
bestehen?**

trägt das größere Risiko? Haben Sie Möglichkeiten, die Wahrnehmung des Gegenübers zu verändern? All diese Antworten dienen dazu, Ihre Ziele über den Verhandlungsspielraum und die Verhandlungsmasse zu erden. Davon handelt Kapitel 5.

Nachdem Sie sich die erste Route näher angesehen haben, fragen Sie sich, ob sie schon ausreicht, um den Gipfel zu erreichen? Meistens nicht. Schauen Sie sich an, welches Kletterequipment Sie für die zweite Route brauchen.

R wie Rhetorik oder das Argumentespiel. Lernen Sie Ihren Verhandlungspartner kennen! In dieser Phase Ihrer Vorbereitung setzen Sie sich ganz konkret mit den Ihnen zur Verfügung stehenden Argumenten und der Argumentation Ihres Verhandlungspartners auseinander. Wenn Sie das Ganze aus seiner Perspektive sehen, dann werden Sie wissen, wo bei Ihrem Verhandlungspartner der Schuh drückt, und Sie können maßgeschneiderte und damit schlagkräftige Argumente entwickeln. Wenn Sie wissen, was Ihren Verhandlungspartner antreibt, können Sie darauf eingehen und sind auf die offensichtlichen Argumente oder Einwände der Gegenseite vorbereitet. Vermeiden Sie, dass Ihnen die besten Antworten immer erst hinterher einfallen. Davon handelt Kapitel 6.

Die beiden ersten Routen führen nicht immer zum Ziel. Sind Sie auf dem Weg zum Gipfel über Ihre Argumentation oder Ihre Machtposition noch nicht richtig vorangekommen, können Sie nun auf die dritte Route wechseln, die Route der Empathie.

E wie Empathie oder: Wie baut man Wellenlänge auf. Wenn es in der Sache nicht weitergeht, hilft es nicht, die selben Argumente zu wiederholen, nur etwas lauter. In kritischen Situationen kann es Sie weiterbringen, Ihren Verhandlungspartner auf einer anderen, auf der emotionalen Ebene abzuholen und Wellenlänge aufzubauen oder, nicht ganz so nett, mit Emotionen wie Verunsicherung oder sogar Angst vor dem Scheitern zu arbeiten. Wie das geht, erfahren Sie in Kapitel 7.

Ihre Ziele stehen fest, die Verhandlungsmasse ist ausgelotet, Sie kennen Ihre Marktmacht und haben sich gründlich mit den Argumenten der Gegenseite auseinandergesetzt und wissen, wie Sie sie zu kontern haben. Zeit also, Ihre Verhandlungsstrategie festzulegen:

S wie Strategie. Nun erst geht es darum, die endgültige Route zum Verhandlungserfolg abzustecken und den Verhandlungsspielraum und die Verhandlungsmasse festzulegen. Jede Situation erfordert eine andere Verhandlungsstrategie. So ist der vielbeschworene Begriff der Partnerschaft (win-win) in vielen Fällen unpassend, wenn Sie das Optimum für sich und Ihr Unternehmen erreichen wollen. Wenn Sie am längeren Hebel sitzen, es die Wettbewerbssituation erlaubt, dann ist es fast schon Ihre Pflicht, Ihre Maximalforderung durchzusetzen, und Ihre Rücksichtnahme darf erst dort beginnen, wo über kurz oder lang

> **Die Perspektive wechseln: Wie geht Ihr Verhandlungspartner vor?**

> **Kontern Sie mit Empathie, wenn die Verhandlung zu scheitern droht.**

Win-win oder Kapitulation? Zwischen diesen Extremen gibt es viele Möglichkeiten zu Ihrem Vorteil.

das Zerwürfnis mit Ihrem Geschäftspartner droht (und somit das gesamte Geschäft platzt). In anderen Fällen kann ein (fauler) Kompromiss für Sie das Beste sein, was zu erreichen ist, und in wieder anderen Fällen bleibt Ihnen nur die Kapitulation. In Kapitel 8 erfahren Sie, welche Strategie sich für welche Situation eignet.

Der kaufmännisch-analytische Teil von EVEREST ist nun abgeschlossen. Es bleiben noch einige Punkte, die nicht zu unterschätzen sind: die organisatorischen Rahmenbedingungen und Ihre Persönlichkeit.

T wie Taktik. Taktik, das ist gewissermaßen die Dramaturgie einer Verhandlung: Das fängt bei der Bewirtung an und hört bei der Gesprächsführung längst noch nicht auf. Entsprechend eingesetzt und kombiniert können die taktischen Mittel für den Verlauf und Erfolg einer Verhandlung entscheidend sein. Der taktische Baukasten professioneller Verhandler umfasst viele Maßnahmen, mit denen Sie Ihre Strategie umsetzen. Dabei müssen diese Maßnahmen aber immer authentisch sein – einem Mauerblümchen wird man die Taktik des Eisenfressers nicht abnehmen und umgekehrt. In Kapitel 9 lernen Sie unseren Taktik-Baukasten kennen und finden heraus, welche Verfahren am besten zu Ihnen passen.

Subtil, aber erlaubt: Gehen Sie taktisch vor und setzen Sie Ihre Persönlichkeit richtig ein!

Ist EVEREST damit abgeschlossen? Nein. Sie sind kurz davor, die Gipfelfahne zu setzen, die Luft ist bereits sehr dünn und es gilt – trotz knappen Sauerstoffs –, einen klaren Kopf zu bewahren und nicht in einen Höhenrausch zu verfallen, denn nun beginnt die Verhandlung selbst. Besser vorbereitet können Sie kaum sein, nun hängt alles davon ab, wie gut es Ihnen gelingt, in der konkreten Situation Ihren Plan umzusetzen. In Kapitel 10 stellen wir Ihnen die Phasen einer Verhandlung vor, zeigen Ihnen ein paar Tricks zu Gesprächsführung und Moderation in Ihrem Sinn und stellen Ihnen Optionen vor, wie Sie sich in kritischen Situationen klug verhalten können. Mit jeder Verhandlung, die Sie führen, sammeln Sie wertvolle Erfahrungen für die nächste.

Kurz vor dem Ziel: verfolgen Sie Ihren Plan und wenden Sie kleine Tricks an.

Sie sind in der Lage, das Verhandlungsgespräch zielstrebig zum gewünschten Ziel zu führen. Eine Gesprächsvorbereitung durch EVEREST bringt Ihnen innere Sicherheit und damit äußere Souveränität: Ihr Auftreten spiegelt Ihre innere Einstellung wider und Ihr Gesprächspartner erkennt, dass Sie ein professioneller und ernst zu nehmender Gesprächspartner sind, der weiß, was er will, und bereit ist, sich dafür einzusetzen – einer, der sich am Berg nicht abhängen lässt.

Eine Gesprächsvorbereitung durch EVEREST bringt Ihnen innere Sicherheit und damit äußere Souveränität.

EINSTIEG – BESCHAFFUNG DER BENÖTIGTEN INFORMATIONEN UND GROBPOSITIONIERUNG

3

SUMMARY

In diesem Kapitel dreht sich alles um die Informationen, die Sie im Zuge Ihrer Vorbereitung auf die Verhandlung sammeln sollten. Ja, oft entscheiden die besseren Informationen über den Ausgang von Verhandlungen. Wer sich richtig informiert, wird seine Ziele richtig formulieren. Wir zeigen Ihnen, welche Informationen Sie sich beschaffen sollten, um Klarheit über Ihre eigene Aufgabenstellung zu gewinnen und, nicht zuletzt, um die Problemstellungen und Anforderungen Ihres Gegenübers zu verstehen und für sich zu nutzen.

Auch bestens vorbereitete Bergtouren sind oftmals dem launischen Wetter im Gebirge ausgesetzt, das von einem Moment auf den anderen umschlagen kann. Ähnlich verhält es sich mit Verhandlungen. Selbst wenn Sie mit demselben Unternehmen um dasselbe Produkt verhandeln, nehmen Rahmenbedingungen wie die wirtschaftliche Situation des Unternehmens, die Zusammensetzung der Verhandlungsrunde oder technische Neuerungen Einfluss auf die Verhandlung.

Rahmenbedingungen verändern sich und beeinflussen die Verhandlung.

Stellen Sie sich Ihre Bergwanderung vor: Sie wandern seit Jahren in derselben Gruppe dieselbe Route. Trotzdem wird keine Tour der anderen gleichen. Das Wetter ist nicht berechenbar, die körperliche Fitness der Wanderer schwankt und die entgegenkommende Gruppe, die zeitgleich mit Ihnen ausgerechnet die engste Stelle passieren will, beeinflusst den Zeitpunkt, zu dem Sie den Gipfel erreichen werden. Wer sich als Bergsteiger zudem im Vorfeld nicht wenigstens über den Schwierigkeitsgrad der Route erkundigt, die Wettervorhersagen studiert und die entsprechende Ausrüstung einpackt, wird nicht weit kommen und im schlimmsten Fall sich selbst und im Falle heikler Rettungsaktionen sogar andere durch sein fahrlässiges Verhalten gefährden.

Deshalb gilt für jede Verhandlung: Bereiten Sie sich sehr gut vor und beschaffen Sie die aktuellen Informationen zu allen wesentlichen Punkten, die die Verhandlung beeinflussen können. Ohne Fleiß kein Preis? Tatsächlich entscheiden sich Verhandlungen oftmals zugunsten derjenigen, die umfassend informiert sind. Selbstverständlich spielt die aus vergangenen Verhandlungen gewonnene Erfahrung eine große Rolle und als Profi beschäftigen Sie sich ohnehin regelmäßig mit Themen wie Marktentwicklung, Wettbewerbsverhalten, Produktneuheiten und den Zielen des Unternehmens. Sie sind informiert, darauf können Sie jederzeit zurückgreifen und werden somit nie bei „null" anfangen.

Jede nicht erfasste Information ist eine verpasste Chance auf Informationsvorsprung und schadet dem Unternehmen. Etablieren Sie deshalb in Ihrem Unternehmen ein System, in dem Informationen strukturiert gesammelt werden können und das überdies transparent ist, denn die zusammengetragenen Informationen können auch für andere Abteilungen von großem Wert sein. Im Umkehrschluss erhalten Sie ebenfalls wichtige Informationen aus anderen Bereichen. Verkäufer verschaffen sich einen enormen Vorteil, wenn sie auf das Wissen anderer Abteilungen (Marketing, Produktmanagement usw.) und Ihrer Vertriebskollegen (z. B. Key-Account-Manager) zugreifen können. Zu diesem Zweck setzen viele Unternehmen CRM-Systeme ein.

Die Informationsbeschaffung ist die Grundlage jeder Verhandlungsvorbereitung.

Von systematisch gesammelten Informationen profitieren sowohl der Verkäufer als auch andere Abteilungen.

TIPP VERKÄUFER

Verfügen Sie in Ihrem Unternehmen nicht über ein professionelles CRM-System, legen Sie für alle wichtigen Kunden Kundendossiers an und halten Sie die Inhalte aktuell.

Versuchen Sie herauszufinden, ob der Einkäufer über eine professionelle Informationsbasis verfügt. Ohne professionell aufbereitete Informationen wird er seine Ziele nicht „auf den Punkt" formulieren und sich allein auf seine Erfahrung stützen. Nutzen Sie diese Schwachstelle zu Ihren Gunsten aus.

Einkäufer haben idealerweise in ihrem Unternehmen Lieferanten-Management-Systeme, die nicht nur *Kennzahlen zur internen Bewertung der Lieferanten hinsichtlich Qualität und Liefertreue enthalten, sondern auch allgemeine Unternehmenszahlen, Angaben zu Kontaktpersonen und zunehmend auch weiche Faktoren wie Kommunikationsverhalten, Zuverlässigkeit oder Erreichbarkeit.* Für Einkäufer gilt deshalb gleichermaßen: Sammeln und strukturieren Sie alle Informationen über Verhandlungspartner wenigstens in selbst angelegten Dossiers, wenn Sie nicht über ein professionelles System verfügen. Nur eines sollten Sie vermeiden, insbesondere, wenn Sie mehrere Lieferanten bzw. Warengruppen betreuen – sich lediglich auf Ihr Bauchgefühl zu verlassen.

Die meisten Verkäufer arbeiten bereits mit professionellen Informationssystemen, allerdings nur wenige Einkäufer. Liebe Einkäufer, überlasst hier nicht freiwillig den Verkäufern das Feld und strukturiert die Informationen!

Jede Information ist wertvoll – auch die über Persönlichkeit und Hobbys des Verkäufers.

TIPP EINKÄUFER

Arbeiten Sie mit einem professionellen Informationssystem oder legen Sie wenigsten Dossiers über die Verkäufer an. Für beide Fälle gilt: Halten Sie unbedingt auch Informationen zur Person des Verkäufers fest (Charakter, Hobbys etc.).

Die wichtigsten Informationen lassen sich wie folgt clustern:

Informationsbeschaffung / Analyse des Verhandlungspartners

Märkte
- Welche bzw. wie viele Wettbewerber?
- Aktuelle Marktpreise bzw. welche Preise/Leistungen bietet der Wettbewerb?
- Vorzüge der Wettbewerber?
- Aktuelle Auftragslage bzw. Konjunkturauswirkungen?
- Intensität des Wettbewerbs?

Kunde bzw. eigenes Unternehmen
- Umsatz, Gewinn, Marktanteil, Anzahl Mitarbeiter, Standorte etc.?
- Größe des Unternehmens im Vergleich?
- Geschäftsentwicklung bzw. Auftragslage des Kunden?
- Eigener Anteil am Beschaffungsvolumen des Kunden bzw. des Kunden am eigenen Umsatz?
- Aufwand, andere Lieferanten aufzubauen (Dauer, Kosten, Investitionen)?
- Bedeutung des Projektes für den Kunden?
- Aktuelle Zusammenarbeit (Qualität, Performance, Reklamationen)?

Verhandlungsgegenstand
- Spezifikation vorliegend bzw. verstanden?
- Kalkulation bzw. Preisanalyse vorliegend?
- Möglichkeiten zur Preisdifferenzierung?
- Möglichkeiten zur Produktveränderung/Abweichung von Spezifikation?
- Spezielles Know-how oder bspw. Werkzeuge erforderlich?
- (Interne) Abwicklungsnotwendigkeiten?
- Alternativ- bzw. Substitutionsprodukte?

Teilnehmer
- Besondere Eigenschaften bzw. Eigenarten bzw. Informationen?
- Mögliche Small-Talk-Themen?
- Rollenverteilung im Team (Entscheider, Fachmann etc.) bekannt?
- Entscheidungskompetenz des Verhandlungsführers?
- Sind die teilnehmenden Personen bekannt?

Abb. 5: Informationsbeschaffung

Eine genaue Analyse des Wettbewerbs bleibt weder Verkäufern noch Einkäufern erspart: Wie hat sich der Wettbewerb in der Vergangenheit entwickelt, welche Ziele verfolgt das Unternehmen und wie sieht die aktuelle Situation aus (Ergebnis, Auslastung etc.)?

Für den Verkäufer ist es nicht ganz einfach, sich Markttransparenz zu verschaffen. Über das Verhalten seiner Wettbewerber oder die Ziele und die „Preisbereitschaft" seines Verhandlungspartners kann er nur spekulieren. In der Regel gestatten Einkäufer keinen Einblick in die Angebote der Wettbewerber und Absprachen mit „Marktbegleitern" verbietet der Gesetzgeber.

Wie entwickelt der Verkäufer dann eine klare Positionierung? Er stützt sich auf Markt- und Wettbewerbsanalysen, kennt sein Produkt und den Nutzen für den Kunden bestens, hat die Vor- und Nachteile gegenüber seinen Wettbewerbern analysiert und die Kostenstrukturen berechnet. Außerdem versteht er die konkreten Anforderungen jedes einzelnen Kunden nicht nur an den Verhandlungsgegenstand, also das Produkt, sondern darüber hinaus ebenso an Logistik, Service, Beratung oder Informationen über Updates usw. Trotzdem bleibt für den Verkäufer eine Restunsicherheit bestehen. Er hat selten Erkenntnis darüber, ob die Wettbewerber etwa mit strategischen Preisen bzw. Kampfpreisen agieren.

Trotz Wettbewerbsanalyse bleibt für den Verkäufer eine Restunsicherheit.

3.1 Für Einkäufer ein Leichtes: Informationen über den Wettbewerber sammeln

Der Einkäufer hat es an dieser Stelle leicht, da er die Angebote der Wettbewerber anfordern kann. Er muss lediglich folgende Punkte abfragen:

▶ Wie viele Wettbewerber gibt es?
▶ Wer sind die wichtigsten Wettbewerber des Lieferanten im Markt?
▶ Wie unterscheiden sie sich im Vergleich?
▶ Wie ist das Ansehen des Lieferanten in seiner Branche?
▶ Wie steht das Unternehmen in Wirtschaftszahlen im Vergleich zu seinen Wettbewerbern da?
▶ Wie stark ist der Wettbewerb aus Low-Cost Countries?
▶ Wie stark ist seine Marktstellung?
▶ Wie hoch ist sein Marktanteil?
▶ Welche wichtigen Trends gibt es in der Branche des Lieferanten?
▶ Welche Auswirkungen haben Rohstoffpreis-, Lohnkosten-, Energie- oder Logistikkostenentwicklungen auf die Preise der gesamten Branche?

3.2 Für den Einkäufer gut zu wissen: Das Unternehmen hinter dem Lieferanten

▶ Wie sehen die betriebswirtschaftlichen Zahlen aus (im Vergleich zum eigenen Unternehmen)?
  ▷ Umsatz, Gewinn, Deckungsbeiträge
  ▷ Größe, Anzahl Mitarbeiter
  ▷ technische Entwicklungen, Patente
  ▷ Auszeichnungen, Referenzen
  ▷ Bonität, Auslastung
▶ Wie bedeutend ist der zu vergebende Auftrag für den Lieferanten?
▶ Wie ist die aktuelle Auftragslage bzw. Auslastung?
▶ Wie wirtschaftlich gesund bzw. angeschlagen ist der Lieferant?
▶ Kommt er für eine langfristige Zusammenarbeit infrage?
▶ Welche Mitwettbewerber sind ebenfalls Kunden bei diesem Lieferanten?
▶ Welchen Aufwand muss man treiben, um einen anderen Lieferanten auszuwählen, gibt es Umstellungskosten (Wechselbarriere bei bestehenden Lieferanten)?
▶ Wie beschreibt der Lieferant seine Unternehmensphilosophie beziehungsweise seine Unternehmensstrategie?
▶ Was versucht das Unternehmen über seinen Internetauftritt hervorzuheben?
▶ Wie ist die aktuelle Zusammenarbeit mit dem Lieferanten (Qualität, Performance, Zuverlässigkeit, Fehler)?
▶ In welchem Zusammenhang berichten gegebenenfalls die Medien über das Unternehmen?

3.3 Verkäufer sollten vor allem ihre Schlüsselkunden sehr gut kennen

Insbesondere ihre Schlüsselkunden sollten Verkäufer gut kennen und alle Informationen zu folgenden Fragen sorgfältig sammeln:
▶ Wer sind die wichtigsten Kunden des Kundenunternehmens?

- Welche besonderen Anforderungen stellen diese Kunden?
- Wer sind die wichtigsten Wettbewerber des Kundenunternehmens im Markt?
- Was unterscheidet sie im Vergleich?
- Wie stark ist die Marktstellung?
- Wie hoch ist der Marktanteil?
- Welche wichtigen Trends gibt es in der Branche des Kunden?
- Welche Position nimmt das Kundenunternehmen in seiner Branche ein?
- Wie steht das Unternehmen in Wirtschaftszahlen im Vergleich zu seinen Wettbewerbern da?
- Wie beschreibt das Unternehmen seine Unternehmensphilosophie beziehungsweise Vision/Mission?
- Welche Besonderheiten finden sich im Internetauftritt des Unternehmens?
- Welche wesentlichen Referenzen hat der Kunde im In- und Ausland? Gibt es Berichte über Installationen oder Evaluationen im Internet?

Außerdem sollten Sie die Ziele und Erwartungen Ihres Kunden verstehen:

- Welche Probleme drücken ihn eventuell?
- Welche Auswirkungen haben seine Projekte (in wirtschaftlicher, sozialer und ökologischer Hinsicht)?
- Was sind die wichtigsten Motivationen und Aktionen, die das Kundenunternehmen vorantreiben?
- Welche besonderen Projekte werden wesentliche Auswirkungen auf die Zukunft des Unternehmens haben, sowohl bei positivem als auch bei negativem Ausgang?
- Wie sehen die Konsequenzen aus, wenn diese Projekte nicht durchgeführt werden?
- Welche finanziellen Vorteile kann der Kunde von der Umsetzung dieser Projekte erwarten oder welche finanziellen Einbußen können auftreten, wenn die Projekte scheitern?
- Welche Einflüsse des Umfelds des Kundenunternehmens sind zwingend, um Dinge zu verhindern?
- In welchem Zusammenhang berichten gegebenenfalls die Medien über das Unternehmen?

3.4 Das Produkt: Darüber sollten Verkäufer wie Einkäufer sehr gut informiert sein

In der Verhandlungsrealität nicht immer selbstverständlich, aber wichtig: Wenn es um den Verhandlungsgegenstand geht, also Ihr Produkt oder Ihre Dienstleistung, sollten Sie keine Wissenslücken zulassen. Wie gut kennen Sie Ihre Kalkulation wirklich? Wie viel Rabatt können Sie gewähren und wie hoch muss der Umsatz steigen, um den Gewinn konstant zu halten, oder welche technischen Änderungen (Abspecken) führen zu welchen möglichen Preisnachlässen? Haben Sie auch die Gegenleistungen des Kunden miteinbezogen, die Ihr Entgegenkommen gegebenenfalls ausgleichen können?

Der Kundennutzen hat oberste Priorität.

Geben Sie sich hier keine Blöße, denn Unsicherheiten in puncto Produkt wirken unprofessionell und haben in der Regel negative Auswirkungen auf Ihr Verhandlungsergebnis. Dennoch fällt es vielen Verkäufern schwer, ihre Kunden zu überzeugen – dabei müssen Sie kein Ingenieur sein, der die Funktionsweise des Produkts, die technische Ausführung jedes Merkmals genau erklären kann. Viel wichtiger ist es, die Anforderungen des Kunden genau zu verstehen:

▶ Wie setzt er das Produkt ein?
▶ Was erwartet er von einem Dienstleister?
▶ Welche Verbesserung soll die neue Lösung beim Kunden bewirken?

Ingenieur, Techniker und Chemiker auf der einen und Kaufleute auf der anderen Seite wollen gewissermaßen zwei verschiedene Berge erklimmen. Während die eine Gruppe an technische Raffinessen und Patente denkt, kalkuliert die andere und berechnet, was der Markt überhaupt bereit ist, für die Lösung zu bezahlen. Wollen Sie wirklich gemeinsam und im Team den entscheidenden Berggipfel erreichen und ein Produkt oder eine Dienstleistung erfolgreich verkaufen, ist es unabdingbar, dass sich beide Seiten informieren und austauschen.

Einkäufer sind häufig Kaufleute und keine Techniker oder Ingenieure. Trotzdem ist es von Vorteil, ein gewisses technisches Verständnis mitzubringen. Bei komplizierteren technischen Lösungen ist es ratsam, die Experten an den Verhandlungstisch zu holen.

3.5 Die Teilnehmer: Verkäufer, Einkäufer, bekannte und unbekannte Größen

Besondere Bedeutung für die Vorbereitung einer Verhandlung haben die Beschaffungsprozesse des Kunden und die Rollen aller beteiligten Personen. Jedes Unternehmen hat seine eigenen Regeln, nach denen Einkaufsvorgänge ablaufen. Routinevorgänge laufen an, wenn zum Beispiel stets die gleichen Teile gekauft und in bestimmten Abständen die Preise neu verhandelt werden. Der Ansprechpartner beim Kunden ist in der Regel der Einkäufer, der sich ebenfalls auf die Routineverhandlung mit dem Verkäufer einstellt und den Ablauf kennt.

Kaufentscheidungen werden spätestens dann zu Teamentscheidungen, wenn zum Beispiel neue Produkte, neue Konzepte oder komplexe Leistungen angeboten werden. An diesem Punkt sind auch die Fachabteilungen und höherrangige Stellen des Managements beteiligt. Bei weitreichenderen Entscheidungen sind mindestens fünf bis zehn Entscheidungsträger eines Unternehmens in den Kaufprozess involviert. Will heißen: „Den Kunden", „den Verkäufer" gibt es dann nicht mehr. Es ist wichtig zu wissen, wer welche Rolle einnimmt und wen Sie wie ansprechen bzw. mit welcher Argumentation überzeugen wollen. Bereiten Sie für jeden Einzelnen eine individuelle Argumentation vor, denn jeder hat andere Interessen, Ansichten und Entscheidungskompetenzen. Darüber hinaus können außenstehende Experten und Organisationen wie Unternehmensberater, Bauträger, Entwicklungspartner etc. beeinflussend und „unsichtbar" wirken. Gut zu wissen: willkürlich ist ein professionelles Team nie zusammengestellt! Die Strukturen der Entscheidungsabläufe sind meistens vorgegeben und transparent, so dass es leichtfällt, die einzelnen Rollen der Beteiligten zu identifizieren und sich darauf einzustellen:

Abb. 6:
Buying Center –
typische Rollen

Grundsätzlich lassen sich sechs Typen beschreiben, die ein Einkaufsteam bilden: Der Einkäufer, der (wirtschaftliche) Entscheider, der Nutzer/Anwender, der Beeinflusser, der Torwart und zuletzt der Unterstützer/Mentor. Darüber hinaus gibt es oftmals einen Initiator, der ursprünglich den Bedarf erkannt hat, und die Gegner des Projekts bzw. des Lieferanten.

Jeder Typ kann einmal oder mehrfach in einem Team besetzt sein. Der Entscheider bildet die Ausnahme: Ihn gibt es nur einmal.

Stellen Sie das Verhandlungsteam des Kunden bzw. des Lieferanten Ihrem eigenen gegenüber.

Die Gegenseite:
▶ Wer ist involviert?
▶ Wo liegen die Stärken und Schwächen des Teams bzw. der Mitglieder?
▶ Wird eine partnerschaftliche oder eine harte Verhandlung erwartet?
▶ Welche Taktiken oder Tricks sind zu erwarten?
Ihr eigenes Team:
▶ Welche Personen bilden unser Team?
▶ Wer nimmt welche Rolle ein?
▶ Wo liegen die Stärken und Schwächen unseres Teams?
▶ Wo erkennen wir Wissens- oder Erfahrungslücken?

TIPP FÜR DEN VERKÄUFER

Beschäftigen Sie sich intensiv mit der Frage: Welche Ziele verfolgt mein Kunde und welche Erwartungen hat er an mich? Wenn Sie erkennen, von wem bzw. wovon die Entscheidung abhängt, können Sie gezielte Angebote machen und die Anforderungen besser erfüllen als die Konkurrenz.

TIPP FÜR DEN EINKÄUFER

Vermeiden Sie unbedingt Back-Door-Selling! Schafft es ein Verkäufer im Laufe eines komplexen Entscheidungsprozesses, Keile zwischen die beteiligten Abteilungen zu treiben, hat er zu 90 Prozent gewonnen. Vielleicht liegt ihm längst die Zusage einer Fachabteilung vor und die ersten Stücklisten oder Zeichnungen sind erstellt. Spätestens dann fühlt er sich sicher, weil andere Lieferanten die gesetzten Termine nicht mehr erfüllen könnten. Was glauben Sie, wie viel Nachlass er Ihnen noch gewähren wird?

3.6 Informationsbeschaffung: Was finde ich wo?

Am einfachsten kommen Sie natürlich an intern vorliegende oder an frei zugängliche, öffentliche Informationen wie Pressemitteilungen, Geschäftsberichte etc. Gibt es in Ihrem Unternehmen einen Newsletter für relevante Markt- und Wettbewerbsinfos? Fragen Sie bei den zuständigen Kollegen nach und teilen Sie ihnen Ihren konkreten Informationsbedarf mit. Sie werden sicher fundiert über die aktuellen Markt- und Wettbewerbsberichte informiert.

Oft übernehmen Stabsabteilungen wie ein zentrales Vertriebsmanagement oder das Marketing die Aufgabe der Kundenqualifikation, um dem Verkauf objektive Hinweise darauf zu geben, wo der vertriebliche Aufwand lohnt. Die im Zuge dieser Kundenqualifikation gesammelten Informationen sollten Sie unbedingt für die Verhandlungsvorbereitung nutzen, denn sie geben nicht nur Hinweise für die Intensität der Kundenbetreuung, sondern lassen auch Rückschlüsse zu, wie hart der Kampf in der Verhandlung zu führen ist und ob sich der Kampf überhaupt lohnt.

Im Zeitalter des Internets ist es allgemein einfach, Informationen zu beschaffen. Neben den gängigen Suchmaschinen gibt es zahlreiche weitere Quellen:

▶ Homepage des Kunden, inkl. Firmenblog, Youtube-Kanal, Facebook, Pinterest etc.
▶ Webdirectories/Kataloge/Verzeichnisse
▶ Lieferantenverzeichnisse
▶ Creditreform, unternehmensregister.de
▶ Rohstoff- und Preisspiegel: lme.com, rohstoff-welt.de
▶ Fachportale Wirtschaft/Technik: industrie.de
▶ messekalender.de, Homepages der Messeveranstalter
▶ Newsgroups und Foren
▶ Newsdienste, Portale, z.B. Google, Financial Times/ Handelsblatt
▶ Statistisches Bundesamt: destatis.de
▶ Personensuchmaschinen: 123people.de, yasni.de
▶ Soziale Netzwerke: XING, LinkedIn

Internetrecherche kann das Gespräch mit Insidern nicht ersetzen

Suchen Sie aber unbedingt darüber hinaus das Gespräch mit „Insidern". Gibt es etwa Kollegen, die Ihre Verhandlungspartner besser und länger kennen als Sie selbst? Vielleicht war einer Ihrer Kollegen vor nicht allzu langer Zeit bei Ihrem wichtigsten Wettbewerber oder beim Kunden beschäftigt. Unter Umständen ist auf Kundenseite ein Kollege des Einkäufers (Konstruktion, Qualitätssicherung etc.) gesprächiger als Ihr Verhandlungspartner selbst. Eventuell können Sie Ihrem Ansprechpartner auch wichtige Informationen entlocken. Auch wenn er in der Verhandlung damit zurückhaltend sein mag: Dem Einkäufer ist doch meist an der besten Lösung für sein Unternehmen gelegen und er wird Sie – wenigstens im Vorfeld – dabei unterstützen, die beste Lösung für ihn zu finden. Auch auf Messen oder über (Branchen-)Verbände kommen Sie an Informationen. Und gerade bei Branchentreffen wird oft so offen diskutiert, dass man kaum erkennt, dass hier direkte Wettbewerber zusammensitzen.

Aber nicht immer werden Sie bereits vor einer Verhandlung alles in Erfahrung bringen. Dann gilt es in der Verhandlung umso genauer (aktiv) hinzuhören und zu fragen, fragen, fragen!

3.7 Grobpositionierung

Information ist die Basis jeder guten Verhandlungsvorbereitung. Nun, da Sie alle wesentlichen Informationen eingesammelt haben, geht es darum, sie zu bewerten und daraus Wissen zu extrahieren. Bestimmt vermittelt Ihnen die Fülle der Informationen ein erstes „Bauchgefühl", ob Sie sich in einer eher starken oder eher schwachen Verhandlungsposition befinden. Haben Sie viele teilweise aggressive Wettbewerber? Sind Ihre Produkte im Prinzip austauschbar? Und hat der Kunde in der Vergangenheit mal hier, mal da bestellt? Dann müssen Sie sich wohl auf eine harte Gangart Ihres Verhandlungspartners einstellen. Kennen Sie die Entscheidungsprozesse beim Kunden genau und den Entscheider persönlich? Schätzt Ihr Kunde Ihre Leistungen, vor allem die, die die wenigen Wettbewerber nur mit erheblichem Mehraufwand bieten können? Dann stehen Ihre Chancen gut, dass die Verhandlungspartner in einem konstruktiven Dialog eine befriedigende Lösung finden werden.

Bauchgefühl ist gut, Wissen ist besser. Wir haben die vielen Informationen rund um die Verhandlung nicht zusammengetragen, um sie in ein mehr oder weniger amorphes Bauchgefühl münden zu lassen, das ohnehin trügerisch sein kann. Zu einer guten Verhandlungsvorbereitung gehört mehr: Deshalb ist es wichtig, die gesammelten Informationen, die Stärken und Schwächen beider Seiten möglichst objektiv zu bewerten – damit Sie dann Ihre Verhandlungsstrategie endgültig festlegen können. Wie Sie das am besten tun, erfahren Sie in Kapitel 5.

VERHANDLUNGSZIELE: VORGABEN UND ZIELSYSTEM 4

SUMMARY

In diesem Kapitel geht es darum, sich darüber klar zu werden, dass ein erfolgreiches Verhandeln keine „Bauchsache" ist, sondern auf einem austarierten Zielsystem basiert. Wer sich im Vorfeld der Verhandlung ein durchdachtes Koordinatensystem aus Haupt- und Nebenzielen und Verhandlungsmasse zurechtlegt, besteht in der Hitze des Gefechts und tut sich leichter, seine Verhandlungsziele durchzusetzen.

4.1 Warum Ziele festlegen?

Businessverhandlungen sind das täglich Brot von Einkauf und Vertrieb. Oftmals kennen sich die Verhandlungspartner gut und die Strategien des anderen sind vorhersehbar. Business as usual – warum also etwas daran ändern? So ist man bislang auch ganz gut gefahren. Wirklich?

BEISPIEL

Der Einkäufer Ernst Erhardt verhandelt mit seinem langjährigen Lieferanten Volker Vogt um Standardteile. Der Wettbewerb um den lukrativen Jahresauftrag ist zwar hoch, aber Vogt ist zuverlässig und liefert Qualität. Erhardt möchte das Wettbewerbsargument dennoch nutzen und setzt sich ein Ziel: „Ich will den Preis senken."

Und genau mit dieser laxen Herangehensweise wird er kein gutes Ergebnis erzielen. Denn Erhardt hat es versäumt, seine Ziele konkret festzulegen: Welchen Preis will er idealerweise erzielen, bei welchem Angebot wird er gerade noch zustimmen und welches wird er ablehnen? Zudem entpuppt

*sich Lieferant Vogt als gewiefter Verhandler, was den Einkäu-
fer Erhardt überrascht, meinte er doch, die Argumente auf
seiner Seite zu haben. Plötzlich wird er unsicher und die Verhandlungspartner einigen sich schließlich auf 5 Prozent Preisnachlass (den der Lieferant wahrscheinlich bereits eingeplant
hatte). Erhardt geht mit dem drängenden Gefühl aus der Verhandlung, eine Chance vertan zu haben. Es hätte mehr drin
sein können!*

Nur: Wie will man ein Ziel erreichen, wenn man die Koordinaten nicht kennt?

"Pi mal Daumen"-
Mentalität

Wer mit vagen Vorstellungen und einer „Pi mal Daumen"-
Mentalität in eine Verhandlung geht, wird spätestens dann
von seinem Verhandlungspartner kalt erwischt, wenn dieser
eine hieb- und stichfeste Strategie in der Tasche hat. Er wird
Sie in Windeseile aushebeln und Ihre Unwissenheit zu seinem
Vorteil nutzen. Schließlich ist, auch wenn man sich noch so
gut und lange kennt, eine Businessverhandlung kein nettes
Beisammensein unter Freunden. Hier gilt die Devise: Des
einen Vorteil ist des anderen Nachteil. Wenn Sie nicht auf
ganzer Linie verlieren, sondern gewinnen wollen, brauchen

Zielsystem

Sie ein clever durchdachtes Zielsystem: Welches Optimalziel
will ich zum Beispiel erreichen und unter welches Angebot
bin ich nicht bereit zu gehen? Welche Konditionen biete ich
als Einstieg an, um (ein paar Schritte später) meinem Optimalziel so nahe wie möglich zu kommen? Wer diese Koordinaten genau kennt, der lässt sich nicht von seinem Weg
abbringen, der strahlt Souveränität und Selbstbewusstsein
aus und agiert, statt aus der Defensive heraus verzweifelt
zu reagieren.

Mit einem konkreten Zielsystem als Ausrüstung im Ge-
päck wäre Einkäufer Ernst Erhardt nicht gleich an der ersten
Kletterwand abgestürzt, sondern so aufgetreten, wie er es
geplant hatte: als Verhandlungsführer, der seinen Parcours
genau kennt und den kein Argument davon abbringt, seine
Steigeisen an die richtigen Stellen zu setzen. Wäre er etwa
mit einem Minimalziel von 10 Prozent Preisnachlass in die
Verhandlung gegangen, hätte er den angebotenen 5 Prozent

niemals zugestimmt. Er wäre bei Widerstand nicht umgefallen und hätte seine Firma nicht um einen schönen Gewinn gebracht. Denn natürlich sind es auch die Zahlen selbst, die für eine konkrete Zielabsteckung sprechen:

BEISPIEL

Die Firma, in der Ernst Erhardt als Einkäufer beschäftigt ist, macht einen Gesamtumsatz von 1 Million € und einen Gewinn von 5 Prozent (50.000 €). Die vom Einkauf beeinflussbaren Kosten, also die Material- und Beschaffungskosten, betragen 60 Prozent (600.000 €) des Umsatzes. Damit verbleiben noch 35 Prozent (350.000 €) für alle anderen Kosten, wie beispielsweise Löhne, Abschreibungen oder Gemeinkosten. Würde der Einkauf die Kosten für Material und Beschaffung um 10 Prozent senken, würde sich der Gewinn von 50.000 € auf 110.000 € erhöhen, was einer Gewinnsteigerung von 120 Prozent entspricht. Zum Vergleich: Würde man so eine Gewinnsteigerung über den Verkauf erzielen wollen, müsste der Umsatz von 1 Million € auf 2,2 Millionen € gesteigert werden. Utopisch!

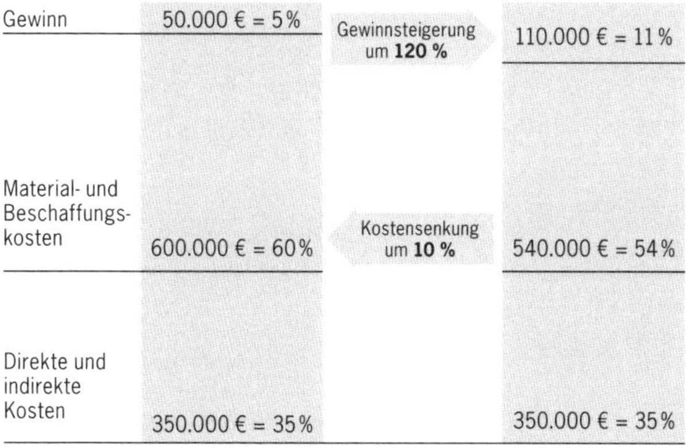

Gewinn	50.000 € = 5 %	Gewinnsteigerung um **120 %**	110.000 € = 11 %
Material- und Beschaffungskosten	600.000 € = 60 %	Kostensenkung um **10 %**	540.000 € = 54 %
Direkte und indirekte Kosten	350.000 € = 35 %		350.000 € = 35 %

*Abb. 7:
Beispiel zur
Hebelwirkung
des Einkaufs*

Keine Frage, Material- und Beschaffungskosten um 10 Prozent zu senken, ist schwierig, oftmals sogar unmöglich. Aber schon bei einer Senkung um drei Prozent erhöht sich der

Gewinn in unserem Beispiel bereits um 18.000 €, und dies entspricht immer noch einer Gewinnsteigerung von immerhin 36 Prozent!

Hebelwirkung

Die folgende Tabelle gibt für unser Beispiel wieder, welche Hebelwirkung der Einkauf bei verschieden hohen Einsparungen hat:

Einsparung		Neuer Gewinn		Gewinnsteigerung bzw. vergleichbare Umsatzsteigerung
in €	in %	in €	in %	in %
6.000	1	56.000	5,6	**12**
12.000	2	62.000	6,2	**24**
18.000	3	68.000	6,8	**36**
24.000	4	74.000	7,4	**48**
30.000	5	80.000	8,0	**60**
36.000	6	86.000	8,6	**72**
42.000	7	92.000	9,2	**84**
48.000	8	98.000	9,8	**96**
54.000	9	104.000	10,4	**108**
60.000	10	110.000	11,0	**120**

Tab. 2:
Gewinnsteigerung des Einkaufs bei 1 Million Euro Umsatz, 60 Prozent Material- und Beschaffungskosten und 5 Prozent Gewinn

Mithilfe der folgenden Formel können Sie in jeder beliebigen Konstellation nachvollziehen, welche Wirkung der Einkauf mit einer Kostensenkung erzielen kann.

Abb. 8:
Formel zur Berechnung der Gewinnsteigerung durch den Einkauf

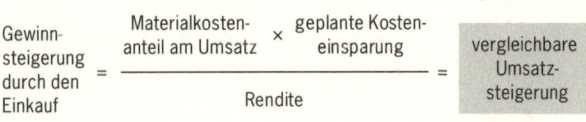

$$\text{Gewinnsteigerung durch den Einkauf} = \frac{\text{Materialkostenanteil am Umsatz} \times \text{geplante Kosteneinsparung}}{\text{Rendite}} = \text{vergleichbare Umsatzsteigerung}$$

Das vage Ziel „Ich will den Preis senken" wirkt angesichts dieser Berechenbarkeit beinahe unverantwortlich, jedenfalls aber hemdsärmelig. Zahlen sprechen eine klare Sprache. Und daher sollten sie mit an den Verhandlungstisch!

VORTEIL EINKÄUFER

Ein kluger Einkäufer wird sich immer Klarheit über seinen Einfluss auf den Unternehmensgewinn verschaffen und darüber seine Stellung im Unternehmen definieren. Und er wird dieses nicht abstrakt, sondern mit konkreten Zahlen kommunizieren – nichts überzeugt mehr! Auch die Zusammenarbeit mit den technischen Abteilungen verbessert sich, wenn deutlich wird, wie eine einkaufsorientierte Zusammenarbeit Arbeitsplätze sichern kann.

Die neuen Wettbewerber bringen eine zunehmend aggressive Preispolitik mit. Aber nicht nur der Kampf um Marktanteile wird mit harten Bandagen ausgefochten, auch die wachsende Professionalisierung des Einkaufs und innovative Verhandlungsmethoden machen dem Verkäufer das Leben schwer. Deshalb überlegen Sie, welche Hebel Sie als Verkäufer sinnvoll und clever einsetzen können, sprich, mit welcher Ausrüstung Sie diesen Unwägbarkeiten trotzen können.

Die erste Frage muss heißen: Was ist mein Wunschziel? **Wunschziel** Das misst sich zunächst an einer grundsätzlichen Entscheidung, die die Unternehmensleitung treffen muss: Ist die Verkaufspolitik mengen-, umsatz- oder gewinnorientiert? Wird

Zielkonflikt	Strategisches Ansatz
Menge/Marktanteil ↑ (1) (2) (3) Umsatz ↑ Gewinn ↑ „Es ist (fast) unmöglich, alle Ziele gleichzeitig zu erreichen."	**(1) mengenorientiert:** beinhaltet oft aggressive Tiefpreise; der Umsatz lässt sich durch eine höhere Absatzmenge vergrößern, kann sich aber auch verringern, die Wettbewerber auf den Plan rufen und zu Preisverfall führen: Kapazitätsauslastung (+/−) **(2) umsatzorientiert:** kann niedrige Preise nach sich ziehen, um das Umsatzmaximum zu erreichen **(3) gewinnorientiert:** weniger aggressive Preise für das Gewinnoptimum; Verluste von Marktanteilen werden erwartet und in Kauf genommen: Marge (%) vs. Profit ($), profitabler Produktmix

Abb. 9:
Strategische
Ansätze und
Zielkonflikte

55

ein maximaler Gewinn angestrebt, verbieten sich aggressive Preisnachlässe. Das Minimalziel ist höher und der Verhandlungsspielraum geringer als zum Beispiel bei einer mengenorientierten Strategie, bei der es darum geht, möglichst viel zu verkaufen – auch auf Kosten des Preises.

Das vielfach formulierte Unternehmensziel „Profitables Wachstum" ist so gesehen ein Widerspruch in sich, denn Wachstum muss sehr oft mit Preisnachlässen erkauft werden. Umso wichtiger ist es, dass Sie sich als Verhandlungsführer persönliche Ziele (Beispiel) setzen, die Ihnen Orientierung bieten und Sie motivieren. Nur so schaffen Sie die Voraussetzungen, das Gespräch zielstrebig zu führen.

BEISPIEL

Das bringt uns noch einmal zu Ernst Erhardt und Volker Vogt. Erhardt ist mit einem konturlosen Ziel in die Verhandlung gegangen und hat daher längst nicht alles erreicht, was möglich gewesen wäre. Aber auch Volker Vogt hat Fehler gemacht. Er hat es versäumt, im Vorfeld zu berechnen, wie gravierend sich Preisnachlässe auf sein Ergebnis auswirken können. Dadurch hat er sich unwissend selbst übervorteilt, da er sich im Vorfeld die Preis-Mengen-Beziehung nicht bewusst gemacht hat: Sein Unternehmen erzielt eine durchschnittliche Marge von 10 Prozent vom Umsatz. Um die Verhandlung zu einem schnellen Abschluss zu bringen, gewährt er Ernst Erhardt einen Nachlass auf den abgegebenen Angebotspreis von – auf den ersten Blick – geringen 2 Prozent. Dafür müsste aber das Volumen um ein sattes Viertel steigen, um diesen negativen Ergebniseffekt auszugleichen. Hinzu kommt der psychologische Aspekt: Das vorschnelle Gewähren von Nachlässen könnte bereits die nächste Verhandlung mit dem (verwöhnten) Kunden zu seinen Ungunsten beeinflussen.

Preis-Mengen-Beziehung

Beispiel: Welche Zusatzmenge sollten Sie im Gegenzug für Preisnachlässe fordern?

Preisnachlass	... um 1%	... um 2%	... um 5%	... um 10%
Welche zusätzliche Menge benötigen Sie, um den Umsatz konstant zu halten?	+1%	+2%	**+5,3%**	+11,1%
Welche zusätzliche Menge benöti-gen Sie, um den Deckungsbeitrag konstant zu halten?*	+11,1%	+25%	**+100%**	+ unendlich

*Annahme: 10-prozentige DB-Marge

Tab. 3: Zusammenhang zwischen Preisnachlass, Zusatzmenge und Deckungsbeitrag

Der Eintritt in neue Märkte oder die Markteinführung eines neuen Produkts erfordern ein anderes Wunschziel als die Verhandlung mit bereits bestehenden Kunden um am Markt etablierte Produkte. (s. Abb. 9)

Und die „Kauf- oder auch Verkaufsreue"? Wie wichtig ist Ihnen die Bestätigung nach der Verhandlung, für das Unternehmen ein gutes Ergebnis erzielt zu haben? Für Einkauf und Vertrieb gelten gleichermaßen: Der Abschluss muss in der Regel ein zweites Mal auf den Prüfstand, nämlich intern. Wenn die Zahlen eindrücklich ein für das Unternehmen positives Ergebnis belegen, stärkt das auch Ihre Position im Unternehmen. Überdies haben Sie bereits im Vorfeld über Zielvorgaben seitens des Unternehmens nachgedacht: Sind sie überhaupt erreichbar oder umgekehrt zu wenig ambitioniert? Es folgt der didaktische Nutzen, der einen fruchtbaren Lernprozess im Unternehmen anstoßen kann. Außerdem beziehen Sie alle Akteure mit ein: zum Beispiel Konstruktion, Qualitätssicherung, Pricing und Produktmanagement, die ihr Know-how beisteuern. Das belebt die Kommunikation zwischen den Abteilungen und sorgt für Transparenz Ihrer Entscheidungen.

Zielvorgaben

VORTEIL VERKÄUFER

Fokussieren Sie sich auf Kunden, die zu Ihren Unternehmens-
zielen passen. In den Verhandlungen gilt: keine vorschnellen
Zugeständnisse! Sie sind vorbereitet und kennen Ihre Zahlen.
Ihnen liegen Musterrechnungen bezüglich verschiedener Sze-
narien vor und Sie kennen die Kalkulation.

Fazit: Ziele festlegen
Wer sich vor Businessverhandlungen konkrete Ziele setzt,
agiert zielgerichtet und wirkt sicher und souverän. Ziele in
Zahlen machen das Verhandlungsergebnis zudem messbar
und stärken die eigene Position im Unternehmen. Denn sie
zeigen die Hebelwirkung einer erfolgreich geführten Verhandlung auf den Unternehmensgewinn.

4.2 You never walk alone: Ein Ziel ist nie genug

Sie müssen kein Psychologe sein, um die Karten des anderen ungefähr einschätzen zu können. Neben den handfesten
firmeninternen Koordinaten (Unternehmensziele, generelle
Zielvorgaben, Rücksprache mit Produktion usw.) sollten Sie
überlegen: Sitzt mir da ein Gegner oder ein Partner gegenüber? Habe ich die Macht, mein Ziel ohne Rücksicht auf Ver-
luste durchsetzen, oder versuche ich, weil wir ebenbürtige
Verhandlungspartner sind, eine Lösung zu finden, mit der
beide Parteien am Verhandlungstisch leben können? Bin ich
von vornherein unterlegen und kann allenfalls mein Minimalziel durchsetzen?

Ergebnis   Es gibt genau vier Möglichkeiten, mit welchem Ergebnis
eine Businessverhandlung endet:
- ▶ Ich gewinne, der andere verliert (Sieg/win);
- ▶ ich verliere, der andere gewinnt (Kapitulation/lose);
- ▶ wir verlieren beide (Kompromiss) oder wir
- ▶ gewinnen beide (win-win).

In der Regel kennt man sein Gegenüber am Verhandlungstisch und kann dessen Marktmacht im Vergleich zur eigenen

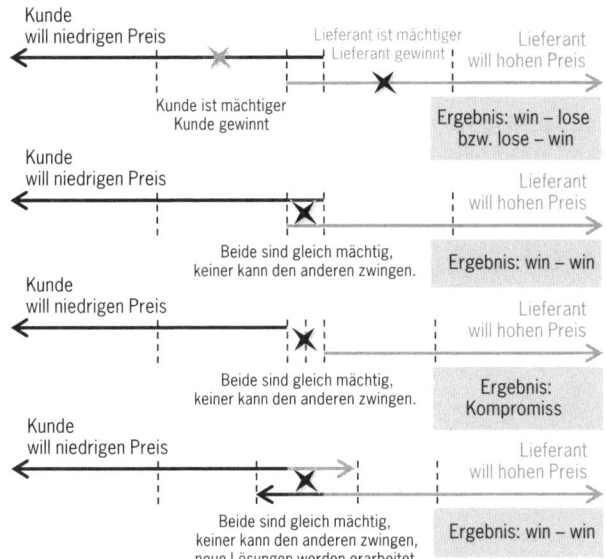

Abb. 10:
Machtverhältnisse
zwischen Kunde
und Lieferant

ganz gut einschätzen. Und das hat Auswirkung auf die Zielsetzung. Herrscht zum Beispiel beim Gegenüber ein hoher Wettbewerbsdruck, können Sie Ihren Verhandlungsspielraum sehr klein wählen und die Zielkoordinaten auf überschaubarem Gebiet feststecken, denn die Chance, dass Sie Ihre Maximalziele durchsetzen, ist groß. Anders die Situation, wenn Ihnen ein Monopolist am Verhandlungstisch gegenübersitzt. Dann ist Ihre Durchsetzungsfähigkeit gering und Sie benötigen einen größeren Verhandlungsspielraum, um ein einigermaßen passables Ergebnis zu erzielen. Der Spielraum zwischen Minimal- und Optimalziel oder die eigene Verhandlungsmasse sollten in diesem Fall also weitaus größer sein.

Minimal- und Optimalziel

Erreichen Sie nur ihr Minimalziel, bedeutet das dennoch nicht, dass dieser Abschluss zähneknirschend unterschrieben werden muss. Die Geschäftsbeziehung mit einem starken Partner kann enorme Vorteile für Ihr Unternehmen bringen. Etwa wenn die Partnerschaft positiv auf die Reputation des eigenen Unternehmens abstrahlt. Fragen der Liquidität können eine wichtige Rolle spielen, Prozess- und Qualitätskosten, die Auslastung der Produktion, Marktanteile oder schlicht das wertvolle Gefühl, beim anderen als Partner „gut aufgehoben" zu sein. Andererseits gelten diese Argumente auch für Ihren Geschäftspartner. Auch einem Monopolisten ist an der Zusammenarbeit mit Ihnen gelegen. Sie müssen Ihr Licht also nicht unter den Scheffel stellen.

TIPP LISTE ZIELSETZUNG

Gehen Sie zunächst von einer für Sie idealen Situation aus, in der Sie Ihr Optimalziel für die bevorstehende Verhandlung notieren. Was spricht dafür? Was dagegen? Wie stark ist Ihr Verhandlungspartner? Welche Ziele wird er erreichen wollen? Welche positiven Folgen hätte der Auftrag, unabhängig vom verhandelten Preis, für Ihr Unternehmen? Auf diese Weise gelingt es Ihnen leicht, Haupt- und Nebensächliches zu unterscheiden und richtig zu gewichten. Jedes Pro und jedes Kontra bringt Sie dem maßgeschneiderten Ziel näher.

4.3 Das Zielsystem

Klare Zielvorstellungen sind wichtig, um eine Verhandlung aktiv zu führen, aber ohne die Flexibilität für Lösungen erstarrt so manche Verhandlung oder fährt hitzig gegen die Wand. Wie werden Sie flexibel, ohne Ihr Ziel aus den Augen zu verlieren? Indem Sie sich bewusst machen, dass Sie sich in einem System bewegen, das elastisch Forderungen der Gegenseite aufnimmt und so auf sie reagiert, ohne den Kern, Ihr Wunschziel, zu deformieren. Immerhin führen viele Wege nach Rom – beziehungsweise in unserem Fall auf den herausforderungsreichen Achttausender.

Optimalziel

Beginnen wir im Tal. Dort sehen wir den Gipfel, das **Optimalziel**. Um es zu erreichen, brauchen wir

Einstiegsziel

1. ein **taktisches Ziel** bzw. ein **Einstiegsziel**. Dieses Ziel markiert Ihren ersten Schritt in Richtung Gipfel, Ihren Einstieg in die Verhandlung. Das taktische Ziel eröffnet Ihren ganz persönlichen Klettersteig zum Optimalziel.

2. ein **Minimal-** bzw. ein **Ausstiegsziel**, die sogenannte „Walk Away Condition". Alles unter dem Minimalziel ist der Punkt, an dem Sie die Verhandlung unterbrechen, wenn nicht sogar abbrechen.

(Ausstiegsziel)

Mit Minimal-, Einstiegs- und Optimalziel haben Sie nun gewissermaßen eine Route abgesteckt. Doch Ihr Aufstieg soll flexibel in alle Richtungen reagieren können, also brauchen wir ein paar mehr Ausweichmöglichkeiten. Verhandlungen sind in der Regel nicht geradlinig, ein gutes Zielsystem sollte daher Abwege von vornherein vorwegnehmen.

Planen Sie eine umfassende Route. Definieren Sie in Ihrem Zielsystem Ihre **Haupt- und Nebenziele** und Ihre **Verhandlungsmasse.**

Hauptziele: Dies sind Ziele, von denen Sie nicht abrücken können und wollen. Ist der Verhandlungsspielraum (Einstiegsziel bis Ausstiegsziel) hier ausgereizt, gibt es schlicht keine Lösung und die Verhandlung wird unter Umständen auch abgebrochen.

(Hauptziele)

Nebenziele: Die sind Ziele, von denen Sie für einen Kompromiss (lose-lose) abrücken können, sollte die Verhandlung andernfalls scheitern (allerdings erst, wenn die Verhandlungsmasse vollständig aufgebraucht ist).

(Nebenziele)

In der **Verhandlungsmasse** unterscheiden wir zwischen Tauschobjekten (nice to haves) und Sacrificial Targets. **Tauschobjekte** sind Ziele, die man nur deshalb mit in die Verhandlung nimmt, um einen Deal zu machen. Beispielsweise verzichtet der Einkäufer auf eine Zahlungsfrist von 60 Tagen, wenn der Verkäufer die Lieferkosten übernimmt. Es gilt „Quidproquo" oder salopp gesagt: Erweiterst du meine Zahlungsfrist, gebe ich dir einen längeren Vertrag. Mit scheinbar großzügigen Zugeständnissen lassen sich Fronten aufweichen und das eigentliche Verhandlungsziel wird wieder greifbarer. Machen Sie sich eine Liste der Konzessionen, die Sie bereit sind einzugehen, um den Weg zu Ihrem Optimalziel frei zu machen. Überlegen Sie dabei auch, was wohl der andere als Tauschobjekt in die Verhandlung einbringen wird. Und behandeln Sie Ihre Tauschobjekte sorgfältig: Sie werden nicht verramscht, sondern nur gegen eine entsprechend

(Verhandlungs-masse)

Sacrificial Targets

gleichwertige Gegenleistung eingetauscht. Nicht so die sogenannten Sacrificial Targets. Diese Ziele sind nur dazu da, großzügig von Ihnen geopfert zu werden! Psychologisch kommen sie gerne dann zum Einsatz, wenn beim Gegenüber der letzte Rest an Unentschlossenheit beseitigt werden soll. Denken Sie zum Beispiel an den Verkäufer eines Regals, der eine telefonische Aufbauberatung anbietet, nur damit der Kunde endlich überzeugt ist und das Regal kauft. Was der Kunde nicht weiß: Der Beratungsservice über die Hotline ist sowieso da und kostet den Verkäufer keinen Cent extra. Ähnlich setzt der Maschinenverkäufer seine Sacrificial Targets ein, wenn er dem Kunden mit scheinbar großzügiger Geste eine Service- oder Bedienerschulung „schenkt". Die Schulung ist zwar längst anberaumt, macht aber nichts, da wird der Servicetechniker des Kunden eben einfach mit hinzugenommen! Extrakosten? Keine. Die Wirkung auf den anderen indes ist Gold wert: Wer etwas geschenkt bekommt, verhandelt möglicherweise nicht mehr so hart.

Lassen Sie uns das Everest-Bild kurz auf die Spitze treiben, um noch einmal den Unterschied zwischen Haupt- und Nebenzielen zu illustrieren (denn ganz klar: Am Berg besteht keiner allein!). Demnach wäre es Ihr Hauptziel, den Gipfel des Mount Everest zu erklimmen. Sie wollen ganz nach oben, ohne Spielraum, also nicht 10 Meter vorher aufgeben. Ein zweites Hauptziel könnte in diesem Zusammenhang sein, dass Sie den Gipfel vor 14.00 Uhr erreichen müssen, damit Sie während des Abstiegs nicht von der Dunkelheit überrascht werden. Bei diesem zweiten Hauptziel haben Sie einen kleinen Spielraum: Zur Not reichte es auch, bis um 15.00 Uhr auf dem Gipfel zu sein. Was könnten in diesem Szenario Nebenziele sein? Zum Beispiel wie Reinhold Messner den Gipfel ohne Sauerstoffgerät zu besteigen. Oder ohne Hilfe von Sherpas. Wenn Sie nun aber vor der Alternative stehen, „Gipfel mit Sauerstoff" oder „kein Gipfel ohne" wird schnell klar, wie sich ein Hauptziel von einem Nebenziel unterscheidet – und wie wenig gerne man gleichwohl ein Nebenziel aufgibt. Das tut man erst, wenn wirklich alle anderen Möglichkeiten ausgereizt worden sind. Kommen wir zu den Tauschobjekten unserer Achttausenderbesteigung. „Nice to have" wäre es, als Erster der Gruppe auf dem Gipfel anzukommen, um das Gefühl, oben angekommen zu sein, erst mal alleine genießen zu können. Klar ist aber auch, dass man dieses Tauschobjekt schnell (und gerne) in die Waagschale wirft, wenn ansonsten die ganze Expedition zu scheitern droht.

Zurück an den Verhandlungstisch. Mehr Dimensionen bringen mehr Möglichkeiten und deshalb sollten Sie im Vorfeld sämtliche für die Verhandlung entscheidenden Parameter nach diesen drei Fragen bewerten: Was ist optimal, was taktisch, was geht überhaupt nicht? Neben dem Preis werden also Lieferzeiten, Prozessabläufe, Reklamationen, Qualität, Gerichtsstand, Garantien, Zahlungs- und Lieferkonditionen ebenfalls jeweils mit Optimal-, Einstiegs- und Ausstiegsziel bewertet. Was will ich in jedem Punkt erreichen, wann steige ich aus und wie eröffne ich die Verhandlung?

Das Zielsystem ist die Panoramakarte für Ihre Verhandlung. Haben Sie alle Punkte bedacht? Je austarierter das Zielsystem, desto mehr prallen Überraschungscoups der Gegenseite daran ab, Sie sind vorbereitet und kontern geschickt, indem Sie je nach Situation die eingebauten Register ziehen. So werden Pakete geschnürt, Deals gemacht und Lösungen gefunden!

Vergessen Sie dabei nicht: ein austariertes Zielsystem bringt auch die Position der Gegenseite ins Spiel. So, wie Sie bei der Suche Ihres Optimalziels abgeschätzt haben, wie stark oder schwach die Gegenseite Ihnen gegenüber auftreten kann, sollten Sie sich auch in allen Facetten Ihres Zielsystems in Ihren Verhandlungspartner eindenken. Welche Ziele verfolgt die Gegenseite, woran misst sie ihren Verhandlungserfolg und wo liegt die Schmerzgrenze, der Punkt, an dem die Verhandlung platzen könnte? Wo sieht der andere Herausforderungen und Risiken? Welche kurz- und langfristigen Ziele verfolgt er und mit welcher Gewichtung tut er dies? Welche Spielräume hat er und was wird er Ihnen anbieten, damit Sie von Ihrem Wunschziel ablassen? Je transparenter der Verhandlungspartner im Vorfeld für Sie ist, desto konkreter können Sie Maßnahmen in Ihr Zielsysten integrieren und desto

Position der Gegenseite

erfolgreicher werden Sie die Verhandlung führen. Wer sowohl die eigene als auch die (vermutete) Verhandlungsmasse der Gegenseite in sein Zielsystem einbaut, agiert im Konfliktfall souverän nach dem Motto „Gib wenig und erhalte viel!"

Haupt- und Nebenziele, Verhandlungsmasse – die Route ist nun festgelegt, die Wanderkarte quasi gezeichnet. Zeit, in den Feinschliff zu gehen. Reflektieren Sie nun noch einmal Ihr zuerst gestecktes Optimalziel und sehen Sie es sich in Ihrem Zielsystem an. Nun, da sie alle Koordinaten am Berg kennen, könnten Sie eventuell noch ein bisschen höhergehen? Oder trägt sich das Ziel an dieser Stelle doch nicht? Denken Sie immer daran: Ihr Ziel darf gerne ambitioniert sein, aber nie unrealistisch! Dann weiter zur Walk Away Condition (WAC). Überlegen Sie vor dem Hintergrund Ihres Zielsystems noch einmal genau! Die WAC ist das absolute Minimalziel, das nicht unterschritten werden darf. Stimmen Sie sich auf das Minimalziel ein! Sie sollten mental absolut darauf vorbereitet sein, auch in der Hitze des Gefechts nie, absolut nie unter das Minimalziel zu gehen. Aus dem Bauch heraus werden Sie im Moment der Verhandlung nie ein besseres Ergebnis erzielen als im Zug einer systematischen Vorbereitung! Ihr Minimalziel muss mit kühlem Kopf kalkuliert und nicht mit heißer Nadel gestrickt sein. Ihr Mantra: Das Minimalziel steht, egal was passiert, während der Verhandlung nicht zur Debatte! *(Siehe hierzu ausführlich auch Kapitel 9.)*

Walk Away Condition

absolutes Minimalziel

EINSCHÄTZUNG DER AUSGANGSPOSITION UND DES RISIKOS

5

SUMMARY

Bergsteigen hat mit guter Ausrüstung und Kondition zu tun, aber auch mit mentaler Stärke. Lassen Sie sich leicht beeindrucken? Sind Sie verunsichert, wenn die Gegenseite vor dem Aufstieg die Muskeln spielen lässt und mit Selbstsicherheit protzt – oder kratzen Sie gekonnt am Selbstbewusstsein der Gegenseite? Kurz: Kennen Sie Ihre Machtposition und die Ihres Verhandlungspartners und die Möglichkeiten, die Wahrnehmung der Machtverhältnisse zu beeinflussen? In diesem Kapitel erfahren Sie, wie Sie Ihre Machtposition objektiv bewerten und sich der Risiken bewusst werden. Aber auch, wie Sie die Wahrnehmung der Gegenseite – sozusagen die empfundene Macht – geschickt in die von Ihnen gewünschte Richtung lenken können. Vorsicht: Bauchgefühl und Erfahrung können Sie dabei gründlich täuschen!

Wenn Sie die EVEREST-Methode beherrschen, bezwingen Sie die Achttausender – keine Frage. Aber es gibt natürlich auch interessante und nicht weniger herausfordernde Drei-, Vier- oder Fünftausender. Wenn Sie drei Viertausender erfolgreich bezwungen haben, ist Ihre Bilanz besser, als gleich am ersten Achttausender zu scheitern, weil der Berg nicht zu Ihren Zielen und Ihrer körperlichen Verfassung passt. Beißen Sie sich also nicht an übermächtigen Verhandlungspartnern die Zähne aus, sondern holen Sie bei weniger schwierigen Verhandlungen möglichst viel heraus.

Viele Unternehmen und Verkäufer stellen fest, dass Ihre aufwendigen Vertriebsaktivitäten in einem unbefriedigenden Verhältnis zur tatsächlichen Zahl der Aufträge stehen. Nicht alle Kunden passen zwangsläufig zu Ihrem Unternehmen.

Konzentrieren Sie sich auf die erfolgversprechendsten Verhandlungen.

Und die größten Kunden sind nicht notwendigerweise auch die besten. Im Gegenteil, denn bei großen Kunden bleibt Ihnen oft nur der Preiskampf als einzige Chance, an den Auftrag zu gelangen.

Kundenqualifi-kation gibt Aufschluss darüber, ob sich der Vertriebs-aufwand lohnt!

Im Vertrieb nennt man den Vorgang, die passenden Kunden auszuwählen, auch „qualifizieren". Oft übernehmen Stabsabteilungen wie ein zentrales Vertriebsmanagement oder das Marketing diese Aufgabe.

Die im Zuge dieser Kundenqualifikation gesammelten Informationen sind aufschlussreich. Als Verkäufer sollten Sie diese wertvollen Hinweise unbedingt für die Verhandlungsvorbereitung nutzen. Sie geben nämlich nicht nur Aufschluss darüber, wie intensiv der Kunde betreut werden muss, sondern lassen auch Rückschlüsse zu, wie hart der Kampf in der Verhandlung geführt werden muss und ob es sich unter dem Strich auch wirklich lohnt.

Auch für den Einkäufer lohnt sich ein Blick auf das Potenzial einer Verhandlung. Geht es beispielsweise um hohe Summen, steigt das eigene Risiko beim Scheitern bzw. bei einem schlechten Ausgang der Verhandlung. Geht es um wenig, kann man allein aus Zeitgründen auch mal großzügig sein. Eine Einsparung von 10 Prozent von ganz wenig ist und bleibt ganz wenig. Dafür hat wahrscheinlich kein Einkäufer Zeit.

5.1 Ausgangsposition realistisch bewerten

Die Frage nach den Machtverhältnissen – der gegenseitigen Abhängigkeit und der zu erwartenden Konsequenzen beim Scheitern der Verhandlung – gilt gleichermaßen für Einkauf und Verkauf. Sie beeinflusst ganz wesentlich die Planung, Vorbereitung und den Ausgang der Verhandlung. Wer sitzt also am längeren Hebel? Es ist menschlich, die eigene Ausgangsposition schlechter zu bewerten, als sie tatsächlich ist. Der Gipfel scheint schier unerreichbar und die Route steiler und felsiger, als sie es wirklich ist. In den Bergen gilt stets der überlebenswichtige Grundsatz: Ruhe bewahren! Egal, ob Sie kurzfristig aus dem Tritt geraten oder nur von der neuen

Die eigene Ausgangsposition wird oft unterschätzt.

Hightechausrüstung der anderen beeindruckt sind. Das will nichts heißen, denn auch in neuen High-End-Schuhen kann man schmerzhafte Blasen an den Füßen bekommen.

Bewerten Sie deshalb Ihre eigene Ausgangsposition möglichst objektiv. Dabei werden Sie sicher überrascht feststellen, dass Ihre Position gar nicht so schlecht ist. Der Kunde kauft Ihr Produkt, also scheint er es zu brauchen. Und umgekehrt machen sich auch Einkäufer oft nicht bewusst, dass sie der „König Kunde" sind. Woher kommt dieses mangelnde Selbstbewusstsein?

Ausgangsposition objektiv bewerten und Verhandlungsstrategie anpassen.

- ▻ Fehlende Zeit und fehlende Vorbereitung schwächen das Selbstverständnis der an sich starken, eigenen Rolle als Kunde.

- ▻ Eine Typfrage: Der Einkäufer ist nicht unbedingt die extrovertierte „Rampensau", die Konflikte selbstbewusst austrägt und auch Disharmonien nicht scheut. Einkäufer lassen sich oft allein durch das schnittige und eloquente Auftreten des Verkäufers in eine vermeintlich schwächere Position drängen.

- ▻ Fehlender Informationsaustausch mit der Fachabteilung: Der Einkäufer glaubt, einen starken Monopolisten vor sich zu haben. Tatsächlich aber hat sich nur die eigene Fachabteilung auf diesen Lieferanten „eingeschossen" und die Spezifikation entsprechend „maßgeschneidert". Es handelt sich also um einen sogenannten „hausgemachten Monopolisten". Der Einkäufer ist sich dessen aber nicht bewusst. Er hat eigentlich einen „Monopolisten aus Gewohnheit", nicht aus „Notwendigkeit" vor sich, dessen Stellung durchaus anzuzweifeln und die Abhängigkeit eventuell zu knacken ist.

- ▻ Fehlende Information über Produkt oder Dienstleistung: Einkäufer sind Kaufleute, die sich mit glatten Ledersohlen auf ein vereistes Schneefeld begeben müssen, sobald über technische Details und Spezialwissen verhandelt wird. Kein gutes Gefühl!

Wie diese Misere(n) beheben? Hier sind nicht nur Ihr Fleiß, sondern auch Ihre Fähigkeit zu Offenheit und Kommunikation gefragt: Bereiten Sie sich vor, sprechen Sie mit Kollegen, versorgen Sie sich mit den wichtigen Informationen aus den Fachabteilungen, nehmen Sie sich Zeit und lernen Sie das Produkt wirklich gut kennen, trainieren Sie Verhandlungstechniken und positionieren Sie sich auch intern in Ihrem Unternehmen als ernst zu nehmende Stelle im Kontakt nach außen. Das mag Ihnen wie die Quadratur des Kreises vorkommen, aber genau genommen sind das die ureigensten Aufgaben eines professionellen Einkaufs.

Operative Portfolios sind bewährte Hilfsmittel zur objektiven Bewertung der Ausgangsposition.

Greifen Sie auf das bewährte Hilfsmittel der (operativen) Portfolios für die situative und problembezogene Analyse zurück (alle wichtigen Informationen haben Sie bereits gesammelt, siehe Kapitel 3). Dabei ist es für eine objektive Beurteilung der Situation wichtig, dass Sie sich der Dimensionen dafür bewusst werden, wie stark oder schwach Ihre Ausgangsposition im Vergleich zu Ihrem Verhandlungspartner ist. Zwei wesentliche Faktoren haben wir bereits erwähnt:

▶ Die eigene Machtposition
▶ Das Risiko, falls es zu keiner Einigung kommt

Macht zu bewerten, ist häufig schwierig. Zur Bewertung der Macht gibt es kein Messgerät, das einen Wert von 8,9 oder 15,4 Macht ausspuckt. Leider! Das wäre einfach und transparent. Macht zu bewerten ist und bleibt bei allem Bemühen um möglichst große Objektivität durch Portfoliotechniken eine subjektive Einschätzung. Häufig hilft es, sich zu fragen, wer mehr zu verlieren hat, falls es zu keiner Einigung kommt. Derjenige, für den viel mehr auf dem Spiel steht, wird vielleicht die Nerven verlieren und nachgeben.

5.2 Einschätzung der Machtverhältnisse

Jedes Unternehmen und jeder Verkäufer kennt seine A-, B- und C-Kunden. Die A-Kunden werden intensiv und individuell betreut und erhalten überdies meist auch die besseren Konditionen und Preise. Sie sind sozusagen die schönsten Hausberge mit den attraktivsten Gipfelkreuzen. Dieser ausgewählte Kundenkreis macht einen erheblichen Anteil des Geschäfts aus, selbstredend, dass niemand diese Pfründe an die Konkurrenz verlieren möchte. Deshalb sind die meisten Verkäufer bei A-Kunden auch zu den größten Zugeständnissen bereit.

Aber sind die Zugeständnisse tatsächlich immer notwendig oder entstehen sie allein aus der Befürchtung heraus, diesen umsorgten Kunden zu verprellen? Schauen Sie sich nicht nur die Umsatzanteile, sondern auch die Machtverhältnisse an. Die Klassifizierung nach Umsatzanteilen allein sagt nämlich nicht alles über die Machtverhältnisse innerhalb Ihrer Geschäftsbeziehung aus. Diese Betrachtung geht über eine ABC-Analyse hinaus: Ein A-Kunde, der 30 Prozent seines Beschaffungsvolumens bei Ihnen einkauft, ist von Ihnen eventuell genauso abhängig wie Sie von ihm.

Für eine Bewertung Ihrer Ausgangsposition ist es also ebenso wichtig, Ihre eigenen Lieferanteile beim Kunden genau zu betrachten. Wahrscheinlich kommen Sie so zu einer anderen Kundenklassifizierung.

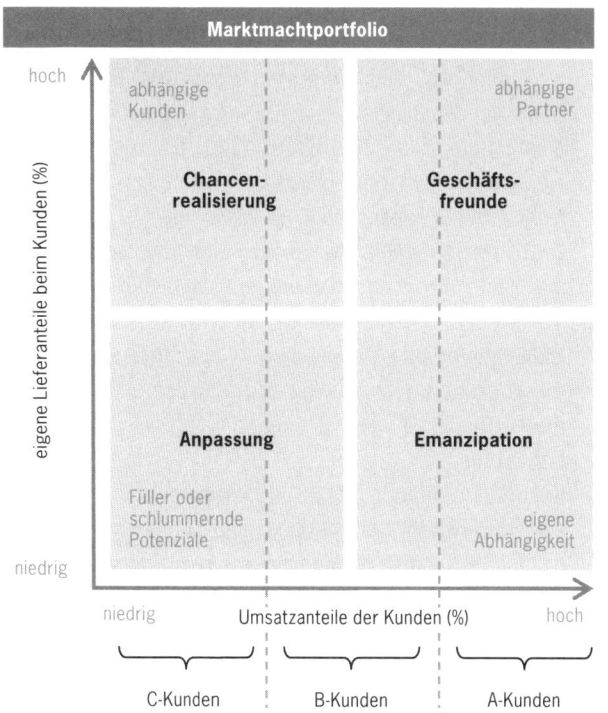

Abb. 11:
Das Machtportfolio
für den Vertrieb

**abhängige
Partner**

▸ Bewegen Sie sich im rechten oberen Quadranten (abhängige Partner), so begegnen sich die Geschäftspartner auf Augenhöhe. Es besteht eine gegenseitige Abhängigkeit und somit ist der Kunde in der Regel zur partnerschaftlichen Zusammenarbeit bereit. Darauf sollten Sie setzen! Sie sollten also einerseits die (hohen) Erwartungen Ihres Kunden nicht enttäuschen. Andererseits besteht keine Veranlassung zu übertriebenen Zugeständnissen. Auch Sie erwarten ein für Ihr Unternehmen profitables Geschäft. Sprechen Sie viel mehr darüber, wie die Zusammenarbeit weiterentwickelt werden kann und weniger über Konditionen.

**abhängige
Kunden**

▸ Im linken oberen Quadranten befinden sich Ihre abhängigen Kunden. Diese kaufen bereits in (relativ) großem Umfang bei Ihnen. Weitere Zugeständnisse führen wahrscheinlich nicht zu einem höheren Lieferanteil (Share of Wallet). Hier müssen Sie am ehesten den Hebel ansetzen, um Ihren Profit zu erhöhen.

Füller

**schlummernde
Potenziale**

▸ Im Quadranten unten links sind die Randgeschäfte ("Füller") oder die schlummernden Potenziale eingeordnet. Diese Kunden müssen zunächst sorgfältig auf ihre vorhandenen Potenziale überprüft werden. Einerseits könnten hier Kleinkunden positioniert sein, die Ihren Lieferanteil nicht erhöhen wollen und bei denen Sie als Zweit- oder Drittlieferant dienen. Hier können sich aber auch Kunden mit Wachstumschancen verbergen, die bisher vernachlässigt wurden, oder Neukunden, bei denen die Geschäftsbeziehungen erst am Anfang stehen. Aus diesem Grund bietet es sich an, nicht nur die prozentualen, sondern auch die wertmäßigen Einkaufspotenziale bei diesen Kunden zu betrachten.

▸ Kunden im unteren rechten Quadranten sind für Sie besonders kritisch. Kurzfristig können Sie es sich eventuell nicht leisten, diese Kunden zu verlieren. Sie müssen aber mittelfristig daran arbeiten, die eigene Abhängigkeit zu reduzieren. Auch dafür gibt es verschiedene Alternativen, über die Sie sich vor der Verhandlung Gedanken machen sollten. Wollen Sie den Kunden zu einem „Partner" ent-

**eigene
Abhängigkeit**

wickeln, dann sollte es eines Ihrer Hauptziele sein, Ihren Lieferanteil zu erhöhen. Im Zuge einer Preisverhandlung sollten Sie daher immer auf höhere Mengenzusagen und gegebenenfalls auf längere Vertragslaufzeiten als Gegenleistung für ein Entgegenkommen hinarbeiten. Bei unrentablen Geschäften kann es aber auch richtig sein, das Geschäft zugunsten anderer Kunden zurückzufahren. (Lieber ein Ende mit Schrecken als Schrecken ohne Ende!)

Bei der Verhandlungsvorbereitung kann also bereits die Berücksichtigung nur einer weiteren Dimension zu neuen Erkenntnissen führen. Jede weitere Dimension, die Sie hinzuziehen, vervollständigt das Bild. Kennen Sie eine sichere Abkürzung, die Ihnen einen Vorteil verschafft, oder gibt es eine Stelle, an der Sie darauf angewiesen sind, von der Gegenseite gesichert zu werden, um gefahrlos die scharfe Kante eines Bergrückens zu überwinden?

Je mehr Dimensionen, desto klarer wird das Bild.

Für die Preissetzung und -durchsetzung ist ein weiterer Aspekt wesentlich: Die reine Volumenbetrachtung sagt noch nichts über die Profitabilität der Geschäftsbeziehung aus. Um dies zu berücksichtigen kann beispielsweise der Deckungsbeitrag des Kunden im Portfolio farbig (> 10 % = grün, 5 % – 10 % = gelb, < 5 % = rot) dargestellt werden.

Stellen Sie noch mehr Fragen, um weitere Dimensionen zu beleuchten, wie zum Beispiel:

▸ Verhalten: Wie verhält sich der Kunde im täglichen Geschäft – aufwendige Auftragsabwicklung, Zahlungsverhalten usw.

▸ Image: Wie wichtig ist dieser Kunde für Sie als Referenz, welcher Imagegewinn ist mit diesem Auftrag verbunden?

▸ Offenheit: Kann ich bei diesem Kunden neue Lösungen offen diskutieren oder gar neue Produkte testen?

▸ Leistungsversprechen: Wie gut können wir die Anforderungen dieses Kunden erfüllen? (Produkte/Lösungen, Preisniveau im Vergleich zum Wettbewerb, Flexibilität bei Änderungen, zusätzliche Anforderungen, Logistik, Beratung etc.)

▸ Konkurrenz: Wie ist der Wettbewerb bei diesem Kunden positioniert?

All diese Aspekte und Überlegungen spielen eine Rolle für die Bewertung der Ausgangsposition vor der Verhandlung. Um zu einem erfolgreichen Abschluss zu kommen,

► muss sich der Auftrag für Sie lohnen,
► muss das eigene Unternehmen wettbewerbsfähig sein,
► müssen Sie aufgrund der (internen) Entscheidungssituation beim Kunden eine realistische Chance haben, den Auftrag zu erhalten.

A-Kunden nicht für selbstverständlich nehmen.

Sicher haben Sie A-Kunden, die auch in Zukunft einen Großteil Ihres Geschäftsvolumens ausmachen werden. Sie sollten damit rechnen, dass manche von Jahr zu Jahr geringere Mengen bestellen. Nehmen Sie diesen Umstand nicht einfach hin, sondern gehen Sie auf Ursachensuche. Kaufen diese Kunden stattdessen bei Ihrem direkten Wettbewerber? Oder werden Ihre Zulieferungen nicht mehr benötigt, da sich das Produktangebot Ihres Kunden anders entwickelt? Verliert der Kunde selbst gegenüber seinen Wettbewerbern an Boden? Oder schrumpft sogar der gesamte Absatzmarkt Ihres Kunden?

Sie sehen, eine Beschränkung auf das aktuelle Geschäft, den Status quo, greift zu kurz. Jede der beschriebenen zukünftigen Veränderungen führt zu einer anderen Bewertung der eigenen Ausgangsposition und der des Verhandlungspartners. Sie müssen sich deshalb verdeutlichen, wie wichtig der Kunde für Sie, für Ihr Unternehmen auch in Zukunft sein wird.

Sie sollten sich fragen: Wie attraktiv ist ein Kunde heute und in Zukunft für unser Unternehmen?

► Welche Wachstumsraten sind zu erwarten?
► Gibt es neue (technologische) Entwicklungen, die die Absatzmärkte Ihres Kunden verändern, z. B. Alternativen zu den Produkten Ihes Kunden?
► Wie abhängig ist das Geschäft des Kunden von (politischen) Rahmenbedingungen oder neuen Regularien?

Das Kundenwertportfolio stellt den Kundenwert, also die aktuelle und zukünftige Renditeerwartung im Geschäft mit diesem Kunden, dem Risiko gegenüber, dass dieser Kunde zu einem anderen Anbieter wechselt:

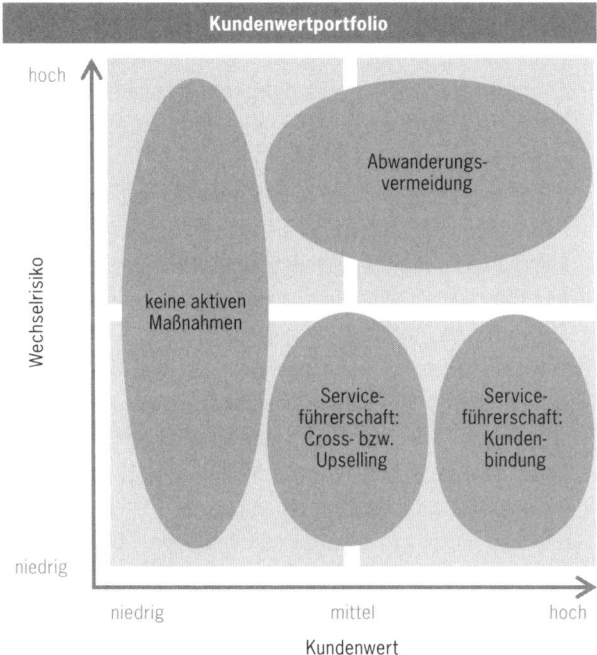

Abb. 12: Kundenwertportfolio

Im Grunde läuft diese Betrachtung hinaus auf die Bewertung der Attraktivität des Kunden und des eigenen Zugangs zu diesem Kunden (im Vergleich zum Wettbewerb) – ein hervorragender Zugang reduziert i. d. R. das Wechselrisiko.

Es ist für die Verhandlungsvorbereitung sicherlich nicht notwendig, den Kundenwert wissenschaftlich zu berechnen. Mit Ihrer Marktkenntnis und Erfahrung ist es Ihnen bestimmt möglich, eine realistische Einschätzung vorzunehmen anhand von

a) aktueller Rendite (= Preisniveau und Berücksichtigung von Nachlaufkosten) und

b) der Erwartung an ein zukünftiges Geschäft (z. B. ++, +, o, –, ––).

▸ Kommen Sie zu dem Ergebnis, dass Ihr Kunde in die linke Hälfte des Kundenwertportfolios gehört, muss sich i. d. R. die Preisqualität verbessern. Selbst wenn Sie mit dem Preisniveau zum Zeitpunkt der Auftragserteilung zufrieden sind, ist die Marge bei diesem Kunden offensichtlich

73

zu gering, um die Aufträge auch profitabel abzuschließen. Wenn Sie also nicht genau wissen, wo Sie im Auftragsabwicklungsprozess ansetzen sollen, müssen Sie an der Preisschraube drehen. Wie stark, das hängt vom Wechselrisiko ab.

▶ Im linken oberen Quadranten rechnen Sie mit dem Wechsel des Kunden, sofern Sie seinen Forderungen nicht nachkommen. Lassen Sie sich nicht unter Druck setzen! Wenn das Geschäft Ihnen keinen Spaß macht, wofür kämpfen Sie dann? Je nachdem, wie groß das Einkaufsvolumen dieses Kunden ist, kann das zwar auf den ersten Blick schmerzhaft sein. Aber welche Wahl haben Sie? Pest oder Cholera! Die Erkenntnis, den Auftrag nicht um jeden Preis holen zu müssen, kann sehr befreiend wirken!

▶ Im linken unteren Quadranten schätzen Sie das Wechselrisiko geringer ein. Also ist es bei diesen Kunden einen Versuch wert, die Konditionen zu Ihren Gunsten zu verbessern und damit den Kundenwert zu erhöhen. Bieten Sie in einem nächsten Schritt zusätzliche Produkte und Dienstleistungen an (Cross-Selling) und fragen Sie danach, wie Sie Ihren Service für diese Kunden optimieren können, um die höheren Preise zu rechtfertigen.

▶ Im rechten unteren Quadranten sind Sie mit dem aktuellen Geschäft und der zukünftig erwarteten Entwicklung zufrieden. Hier finden Sie Ihre wertvollen und treuen Kunden. Sie können es sich leisten, die Preise regelmäßig in einem vertretbaren Rahmen anzupassen. Ihr Hauptaugenmerk richten Sie aber darauf, die Kundenbindung weiter zu erhöhen. Setzen Sie auf die Qualität der Zusammenarbeit.

▶ Verhandlungen mit Kunden im rechten oberen Quadranten sind für Sie besonders schwierig. Bei diesen ebenfalls sehr wertvollen Kunden werden Sie alles daran setzen, die Kundenbindung zu erhöhen, indem Sie Zusatzdienste anbieten oder besondere Zusagen machen. Sie müssen aber ebenfalls damit rechnen, dass der Kunde den Wettbewerb für sich spielen lässt. Hier ist es besonders wichtig, dass Sie sich gut vorbereiten und sich in der Verhandlung an Ihre Marschroute halten. Widerstehen Sie in jedem Fall der Versuchung, weiter nachzugeben, wenn Sie Ihr Limit erreicht haben!

Selbstredend, dass das (oben beschriebene) Marktmachtportfolio auch für den Einkäufer ein sehr wertvolles Instrument ist.

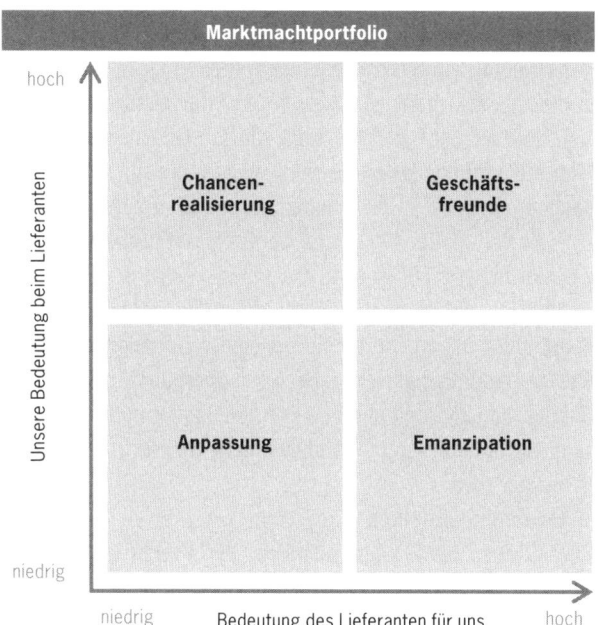

Abb. 13:
Das Machtportfolio
für den Einkauf

Auch für die Bestimmung der Bedeutung des Lieferanten für den Kunden bzw. Einkäufer können ganz unterschiedliche Aspekte eine Rolle spielen, die vom jeweiligen Einzelfall abhängen und auch so bewertet werden müssen. Wichtige Einflussgrößen für die Bestimmung der Bedeutung sind etwa:

▸ *Anteile des Lieferumsatzes am Einkaufsvolumen (klassische A-, B-, C- Lieferanten)*
▸ *Wichtigkeit des eingekauften Produkts für die eigene Wertschöpfung*
▸ *Anzahl der vergleichbaren Wettbewerber*
▸ *Technische Kompetenz des Lieferanten*
▸ *Andere etwaige Alleinstellungsmerkmale des Lieferanten*

75

Entsprechend bieten sich auch für den Einkäufer vier sogenannte Normstrategien an:

▶ Anpassung:
  ▷ Oft: keine Vergabe, sondern Katalog/Internetbeschaf-
    fung
  ▷ Anonyme Geschäfte, keine wichtigen persönlichen Be-
    ziehungen
  ▷ Keine strategischen Überlegungen

In diesem Feld geht es für den Einkäufer nicht wirklich um
viel, der Lieferant und das eingekaufte Produkt müssen einfach nur funktionieren und möglichst wenig Aufwand verursachen. Großartige Verhandlungsergebnisse sind hier nicht
zu erwarten, da es schlicht zu wenig Potenzial dafür gibt (salopp formuliert: 10 Prozent von „ganz wenig" eingespart ist
„ganz ganz wenig" und das lohnt den Aufwand nicht). Streng
genommen haben wir für Sie in dieser Situation nur einen
Rat: gar nicht verhandeln – und wenn überhaupt, dann weich.
Stecken Sie Ihre Zeit und Ihre Energie besser in die Verhandlung mit Lieferanten aus anderen Feldern, wie zum Beispiel
dem folgenden:

▶ Chancenrealisierung:
  ▷ Steuerung/Vorgabe von Preis und Konditionen
  ▷ Ausnutzen des Wettbewerbs, keine Kompromisse
  ▷ Abwälzung von weiteren Aufgaben auf den Lieferanten
    (Lager, Qualität, Entwicklung, Logistik)

Bei der Chancenrealisierungsstrategie geht es für den Einkäufer schlicht darum, Chancen zu realisieren – er will Potenziale erschließen und so viel wie möglich für sein Unternehmen herausholen. Und: Aufgrund der Machtverhältnisse kann
er es auch. Bei der Chancenrealisierungsstrategie kommt
der Einkäufer mit einem kleinen Verhandlungsspielraum und
wenig Verhandlungsmasse aus. Warum auch mehr in den
Ring werfen, wenn man keine Kompromisse machen muss?

Chance und Realisierung klingt, um es ehrlich zu sagen,
weitaus freundlicher als das, was in vielen Branchen in bein-
harten Verhandlungen, die auf dieser Strategie basieren, geschieht. Wir übertreiben sicher nicht, wenn wir behaupten,
dass viele Lieferanten bei der Chancenrealisierungsstrategie

geknebelt und geknüppelt werden. Natürlich gibt es Firmen, die hohe ethische Grundsätze haben und partnerschaftlicher verhandeln, aber am Ende des Tages geht es auch ihnen bei aller Partnerschaft ums Geld.

Kommen wir zur dritten Möglichkeit, der

▶ Emanzipation:

Strategie 3: Emanzipation

- ▷ Attraktivität gegenüber Lieferanten erhöhen (als Referenz dienen, gemeinsame Entwicklung etc.)
- ▷ Attraktivität durch langfristige Vereinbarungen oder höheres Volumen
- ▷ Volumen erhöhen
- ▷ Eigenfertigung prüfen
- ▷ Stärkung der eigenen Position durch Zentraleinkauf, Kooperation
- ▷ Intensive Beschaffungsmarktforschung auf der Suche nach Alternativen
- ▷ Aufbau von Alternativen durch technische Änderungen am Produkt
- ▷ Senken der (Qualitäts-)Anforderungen

In diesem Szenario hat eindeutig der Lieferant die bessere Ausgangsposition. Mittelfristig müssen Sie als Einkäufer also Ihre eigene Abhängigkeit reduzieren oder die Abhängigkeit der Gegenseite erhöhen. In der aktuellen Verhandlung bleibt Ihnen jedoch nur, die Position des Verkäufers kleiner zu reden, als sie ist. Sie werden versuchen, sich in der Wahrnehmung Ihres Lieferanten und Verhandlungspartners neu zu positionieren, Machtunterschiede klein- bzw. wegzureden und sich wichtiger und attraktiver machen, um Ihre Bedeutung zu erhöhen und zum wahren Geschäftspartner aufzusteigen. Oder der Einkäufer versucht, Bedeutung und Macht des Lieferanten zu schmälern. Hier wird also gerne geblufft, es wird der nicht vorhandene Wettbewerb ins Feld geführt oder technische Alternativen, die zur Verfügung stünden. Im Kern ist dies auch die einzige Reaktion, die dem Einkäufer in dieser Situation bleibt: bluffen, antäuschen, tricksen.

Muss Verhandeln immer so hart sein? Nein, schließlich gibt es auch noch die

Strategie 4:
Geschäfts-
freunde

▶ Geschäftsfreunde:
Geschäftsfreunde verhandeln auf Augenhöhe. Beide Parteien streben eine Win-win-Situation oder wenigstens den Konsens mit akzeptablen Kompromissen für beide an. Sie sitzen sozusagen gemeinsam in einer komfortablen Gondel, die beide Parteien sicher auf die Bergspitze bringt.
  ▷ Preis und Konditionen unter Win-win-Aspekt
  ▷ Keine großen Preisvorteile möglich
  ▷ Enge Zusammenarbeit
  ▷ Hohe Integration der Supply Chains
  ▷ Durchführung häufig auf hoher Ebene (Einkaufs- bzw. Geschäftsleitung)

5.3 Einschätzung des Risikos

Wie oben beschrieben, gibt es leider kein Machtmessgerät, das angibt, dass der eine über 10,4 Macht und der andere nur über 3,5 Macht verfügt. Deshalb nutzen Sie die Portfolios. Diese Marktmachtportfolios sind zwar auch nur Modelle, sie sind aber wertvolle Grundlagen für die Positionierung. Sollten Sie in puncto Macht nicht so recht weiterkommen und sollte das Bild nach wie vor nicht griffig genug sein, gehen Sie einen alternativen Weg und fragen Sie nach dem Risiko der Verhandlungspartner im Falle eines Scheiterns der Verhandlung.

Macht entschei-
det sich nicht
nur an Größe
oder Status.

In Verhandlungen dreht sich die Frage der Macht nicht nur um Größe oder Status des Unternehmens. Unter Umständen hat der Partner die größere Macht, der es sich besser leisten kann, aus der Verhandlung auszusteigen. Die Fragen lauten: Wer hat am Ende das größere Problem, wenn es zu keiner Einigung kommt? Wer hat mehr zu verlieren? Wem würde es schwerer fallen, dieses Ergebnis, das Scheitern der Verhandlung, in seinem Umfeld zu „verkaufen".

Ein ganz wesentlicher Punkt dabei ist der Zeitdruck. Wenn Sie es sich leisten können, die Entscheidung zu vertagen, Ihr Verhandlungspartner aber unter Termindruck steht, haben Sie einen Vorteil. Dabei spielen neben den Unternehmensinteressen auch ganz persönliche Interessen eine Rolle. Brauchen Sie den Abschluss noch im laufenden Quartal, um Ihre persönlichen Ziele zu erreichen? Sind Sie in den kommenden Wochen mehr als ausreichend mit einem anderen Auftrag bei einem anderen Kunden beschäftigt und wollen die Entscheidung vom Tisch haben? Oder steht der Verhandlungspartner etwa auch unter Erfolgs- und Zeitdruck?

Mit dem sogenannten ABC-Risiko-Portfolio verschafft sich der Einkäufer einen guten Überblick über mögliche Risiken für beide Seiten.

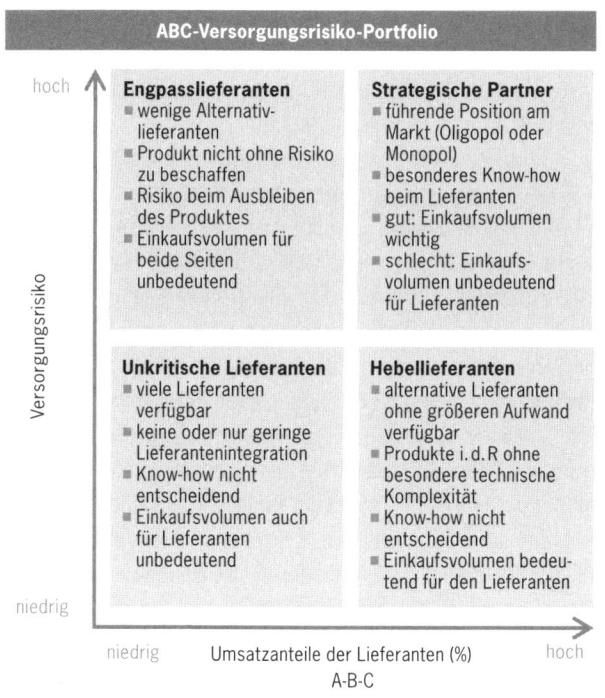

Abb. 14:
ABC-Versorgungs-
risikoportfolio

Eine Achse bildet das Versorgungsrisiko ab, die andere Achse den Wert des Verhandlungsgegenstandes und damit das Potenzial der Verhandlung. Daraus ergeben sich verschiedene Konstellationen und damit auch unterschiedliche Vorgehensweisen in Verhandlungen.

Ihr Risiko wird von verschiedenen Faktoren bestimmt:

▸ Zeitdruck
▸ Marktmacht

▸ Wettbewerb

▸ Produktkomplexität

▸ Bedeutung des Produkts für das eigene Unternehmen

Abgeleitet aus den Portfoliokonstellationen ergeben sich folgende Handlungsempfehlungen für die verschiedenen Lieferanten:

unkritische Lieferanten

Bei unkritischen Lieferanten empfehlen sich für den Einkäufer typischerweise folgende Maßnahmen:

▸ Reduzierung der Bestellabwicklungskosten

▸ Effizienter und einfacher Prozess

▸ Einführung neuer Versorgungskonzepte, wie beispielsweise Kanban, E-Procurement oder Purchasing Card

▸ Klassisches C-Teile-Management

▸ Direkte Beschaffung über den internen Anforderer

▸ Verwendung von Standard und Normteilen

▸ Sammelbestellungen, große Abnahmemengen

▸ Termin-, Rechnungs- und Qualitätskontrollen vermeiden

Wie verhandeln Sie mit diesen unkritischen Lieferanten? Hier geht es wieder nicht um große Potenziale, sondern schlicht um Abläufe, die mit dem Lieferanten geklärt werden. „Einfach" und „unkompliziert" lauten die Schlüsselwörter, denn mit C-Artikeln möchte man sich zeitlich nicht unnötig lange belasten. Lieferanten, die alles aus einer Hand liefern können, sind dabei hilfreicher, als Lieferanten, die zwar billiger anbieten, sich aber als ungeliebte Zeitfresser entpuppen, da jede Menge Kleinkram zu erledigen ist, um den man sich selbst kümmern muss. Die Wörter „Büroklammer" oder „Unterlegscheibe" zum Beispiel will der Einkäufer nur einmal im Jahr in den Mund nehmen, nämlich dann, wenn mit dem Lieferanten geklärt wird, wann und wie diese Teile angeliefert werden.

BEISPIEL

Büro Müller ist ein kleiner Dorfladen, der bereits seit drei Generationen von der Familie Müller geführt wird. Müller liefert das komplette Büromaterial bis hin zu IT-Kleinkram wie USB-Sticks an ein benachbartes Unternehmen. Im Laden geht es familiär zu und jeder wird freundlich behandelt. Die örtlichen

Sportvereine lassen in dem kleinen Laden seit jeher ihre Urkunden drucken und Kinder kaufen dort ihre Schulsachen. Klar, dass die Preise nicht mit den Preisen von discount24 und office discount konkurrieren können. Trotzdem bestellt das benachbarte Unternehmen sein Büromaterial bei Müller und nicht beim Discounter. Warum? Weil Müller Junior nach der Schule einmal pro Woche ins Werk kommt, alle Büromaterialschränke gewissenhaft überprüft und feststellt, was bestellt und aufgefüllt werden muss. Das Material wird auch prompt geliefert und sogar einsortiert. Dabei gibt es keinerlei Lieferzeitverzögerungen, da die erforderlichen Produkte – als Standard definiert – stets bei Müller im Lager vorrätig sind. Dadurch werden die Mitarbeiter enorm entlastet und können die gewonnene Zeit in wichtige Verhandlungen investieren.

Bei Hebellieferanten empfehlen sich für den Einkäufer typischerweise folgende Ansätze:

Hebellieferanten

- ▶ Preis- und Leistung durch Wettbewerb optimieren
- ▶ Bestimmend bis aggressiv auftreten
- ▶ Bestimmte Aufgaben (bspw. Qualitätssicherung- und Lagerhaltung) zum Lieferanten verlagern/dem Lieferanten überlassen
- ▶ Intensive Prüfung der Kalkulationen

Für Verhandlungen heißt es in diesem Fall salopp: Es geht um die Wurst. Wenn Sie Potenziale realisieren möchten, dann sicher in diesem Feld. Hier geht es um hohe Summen, dennoch ist Ihr Risiko gering, das der Gegenseite umso größer. Wenn die Verhandlung mit einem Lieferanten scheitert, verhandeln Sie einfach mit dem nächsten. Um es mit etwas derben Worten zu sagen: Hier sitzen Ihnen die armen Schweine gegenüber, mit denen Sie getrost hart verhandeln können. Wenn nicht hier, wo dann? Sie haben die Argumente auf Ihrer Seite, können Ihre Macht ausspielen und jederzeit Druck ausüben. Überall dort, wo es um hohe Summen geht, die Lieferanten also lukrative Aufträge wittern und der Wettbewerb hoch ist, wird der Einkäufer natürlich versuchen, seine Einsparung durchzusetzen.

Wenn der Preis bereits ausgereizt und dort nichts mehr zu holen ist, können Sie in puncto Prozesskosten Einsparungen vornehmen und dem Lieferanten Aufgaben wie Lagerhaltung oder bestimmte Qualitätskontrollen übertragen oder ihm die Verantwortung für andere Aufgaben aus dem eigenen Wertschöpfungsprozess geben.

Sie können Ihre Macht sogar so weit ausspielen, dass der Lieferant seine Kalkulationen offenlegen muss, wodurch sich in der Regel für den Fachmann weitere Einsparungspotenziale offenbaren. Das kann man fair und preisneutral machen, man kann den Lieferanten aber eben auch dazu zwingen, seine Gewinne zu minimieren.

Engpass-lieferanten

Bei Engpasslieferanten geht es dem Einkäufer hauptsächlich darum, das Versorgungsrisiko zu minimieren:

▶ Versorgungsengpässe und Fehlmengen vermeiden
▶ Großzügige Bestellmengen, Sicherheitsbestände (Kapitalbindung gering)
▶ Langfristige Lieferverträge, Stammlieferanten
▶ Konzentration auf sichere Lieferanten
▶ Vermeidung von kurzfristigen Lieferantenwechseln
▶ Neupositionierung zum unkritischen Lieferanten durch beispielsweise Standardisierung oder technische Entfeinerung der eingekauften Produkte

Was heißt das für die Verhandlung? Wie bei den unkritischen Lieferanten geht es nicht um große Preisvorteile, sondern die Zuverlässigkeit der Lieferanten ist hier sehr wichtig. In den Verhandlungen geht es deshalb um Verträge, Abläufe und Prozesse mit dem Ziel, Lieferung und Versorgung zu sichern. Die schwierigsten Verhandlungen führen Sie hier nicht mit den externen Lieferanten, sondern intern mit den Fachabteilungen. Dabei wird über Sinn und Zweck von Engpassprodukten diskutiert.

Sie kennen sicher die berühmte Spezialschraube, die eben im Fall der Fälle nun mal vorrätig sein muss. Sie kostet nicht viel, ist aber schwer zu beschaffen und das Fehlen eines solchen Zwei-Euro-Produkts kann unter Umständen die gesamte Produktion lahmlegen. Wenn Sie von der Wichtigkeit dieser Spezialschraube überzeugt sind, diskutieren Sie mit der Fachabteilung die Standardisierung dieses Produkts. Und eines versprechen wir Ihnen: Keine Fachabteilung lässt sich gerne in technische Entscheidungen hineinreden. Schnell geht es hier um Macht und Einfluss, und das wird oftmals sehr persönlich und unerbittlich ausgefochten. Aber: Technische Entscheidungen verursachen Kosten und sind damit ebenfalls Sache des Einkäufers.

Wie der Name schon sagt, haben strategische Lieferanten strategische Bedeutung: **strategische Lieferanten**

- Aufbau langfristiger Zusammenarbeit mit Lieferanten
- Strategische Partnerschaften
- Single oder Dual Sourcing
- Intensive Preisanalyse, am besten gemeinsam mit dem Lieferanten
- Laufende aktive Beschaffungsmarktforschung auf der Suche nach Alternativen
- Make-or-Buy-Überlegungen

In der Regel wird hier auf Augenhöhe verhandelt. Es geht um viel und der zu verhandelnde Auftrag ist für beide Parteien wichtig. Wenn man den Begriff strategische Partnerschaft wörtlich nimmt, wird in dieser Konstellation nicht gegeneinander, sondern miteinander verhandelt. Die Kalkulation eines Produktes kann zum Beispiel gemeinsam auf Einsparpotenziale überprüft werden. Oft wird hier in wertanalytischen Workshops versucht, das Produkt so zu optimieren und auf den Bedarf anzupassen, dass sich die Produktion kostengünstiger gestalten lässt – durch die Reduzierung unnötig hoher Genauigkeiten und Anforderungen. Der Aufwand kann beträchtlich sein und deshalb werden Sie sich häufig auf einen oder wenige Lieferanten einlassen (Single, Dual Sourcing).

Hier kommt es sicher auf die Argumentation an (siehe auch Kapitel 6), die Beziehungsebene sollte aber nicht unterschätzt werden. Wenn die Verhandlungspartner (Partner ist hier wörtlich im Sinne von partnerschaftlich zu verstehen) eine Lösung finden wollen, weil sie sich beispielsweise schätzen, respektieren und mögen, werden sie alles daran setzen, diese auch zu finden. Wie Sie die Beziehungsebene gestalten, lesen Sie in Kapitel 8.

Da man die Lieferanten häufig nicht zwingen kann, Zugeständnisse zu machen, ist es ratsam, durch aktive Beschaffungsmarktforschung immer wieder neue Lieferanten in neuen Märkten zu identifizieren, um einen Wettbewerb aufzubauen. Das Bluffen gehört hier natürlich auch dazu und nicht selten sitzen weitere Lieferanten allein aus dem Grund am Verhandlungstisch, um einen künstlichen Konkurrenzdruck aufzubauen, den es aber in der Realität nicht gibt.

Partnerschaft hin oder her, wenn es nicht anders funktioniert, werden die (Steig-)Eisen gewetzt und es entspinnt sich ein Machtkampf. Schließlich geht es hier ums Gewinnen. Dann entscheiden häufig Kleinigkeiten darüber, wer das geringere Risiko trägt und damit in der Verhandlung die bessere Nervenstärke beweist. Hier ist auf jeden Fall derjenige besser bedient, der sich im Vorfeld alle relevanten Informationen beschafft hat und damit die Situation besser einschätzen kann. Der wirkungsvollere Plan (Strategie und Taktik), die höhere Verhandlungskompetenz machen den Stich, mit anderen Worten: Verinnerlichen Sie die EVEREST-Methode und wenden Sie sie an!

Sehr schwer wird es in diesem Feld, wenn der Lieferant die bessere Machtposition hat. Viele Seminarteilnehmer fragen uns nach *dem* Trick, *der* Geheimwaffe, mit der man den Monopolisten knacken kann. Sie hoffen auf eine einfache Patentlösung, die es leider nicht gibt. Auch wenn es viele desillusioniert, gerade hier liegt der Hebel in der sehr guten Vorbereitung im Detail. Sollen Machtunterschiede ausgeglichen werden, versucht man das über einkäuferische Methoden wie Bündelung oder Einkaufsgemeinschaften etc. zu erreichen oder über die Beeinflussung der Wahrnehmung des Verhandlungspartners.

WICHTIG FÜR DEN VERKÄUFER

Überlegen Sie genau, wie der Einkäufer Ihr Unternehmen beurteilt. Als Hebellieferant ist es meist wenig erfolgversprechend, an eine partnerschaftliche Zusammenarbeit zu appellieren. Zwar wird auch der Einkäufer solche Begriffe in den Mund nehmen, aber machen Sie sich bewusst: „Wir sind Hebellieferant" und unsere Strategie folgt dieser Tatsache.

Auch während der Verhandlung sollten Sie als Verkäufer immer genau beobachten, ob Ihre Einschätzung und das Verhalten (die Verhandlungsführung) des Einkäufers zusammenpassen. Wenn beispielsweise ständig davon die Rede ist, dass die Wettbewerber schon im Nebenraum warten und man keine Zeit zu verschwenden hat, Ihr Verhandlungspartner Sie aber immer noch nach neuen Lösungsansätzen fragt, obwohl Sie keine Zugeständnisse machen, dann ist das Interesse anscheinend doch etwas größer ...

5.4 Möglichkeiten, die Wahrnehmung des Gegenübers zu verändern

Machtverhältnis und Risiko sind wichtige Faktoren, die Ihnen helfen, nicht nur Ihre, sondern auch die Ausgangsposition Ihres Gegenübers realistisch einzuschätzen. Sie sind darauf vorbereitet, welche Strategie der andere in der Verhandlung fahren wird, und können sich entsprechend vorbereiten.

Heißt Ausgangsposition realistisch einschätzen sie klaglos hinnehmen? Natürlich nicht. Ihre Vorbereitung umfasst auch die Möglichkeiten, mit denen sie die Wahrnehmung des Gegenübers verändern können. Schließlich wollen Sie auch bei schlechter Ausgangsposition verhandeln – und nicht von vornherein kapitulieren. Es gilt, das Beste aus der Verhandlung herauszuholen.

Welche Möglichkeiten haben Sie, Augenhöhe mit Ihrem Gegenüber zu erreichen? Entweder Sie steigen selbst auf oder Sie holen den anderen, salopp formuliert, vom Sockel herunter. In der Praxis der Verhandlung wirkt in der Regel eine Kombination von beiden Methoden. Man versucht die Machtposition des anderen kleinzureden, sich die eigene, schwache Position zu keinem Moment anmerken zu lassen und im Gegenteil sich als attraktiv, ja geradezu unverzichtbar zu positionieren. Dies ist der Moment, da in Verhandlungen geblufft wird und den Bluff gewinnt der, der die besseren Nerven hat.

Wie blufft man? Präsentieren Sie dem vermeintlichen Monopolisten einen Wettbewerber oder eine technische Alternative. Versuchen Sie als Einkäufer den strategischen Lieferanten so zu positionieren, dass der sich als Hebellieferant wahrnimmt. Und umgekehrt gilt für den Verkäufer: Zeigen Sie stählerne Nerven und versuchen sich aus der Hebellieferantenecke zu befreien und stattdessen zum strategischen Partner aufzusteigen. Oder nutzen Sie Informationen über die Entwicklung der Branche Ihres Kunden, um das zukünftige Potenzial kleinzureden oder das Risiko einer Verknappung Ihres Produktes an die Wand zu malen. Bluffen Sie weiter, indem Sie „klagen"! Die schlechte Margenqualität stellt für Sie ein echtes Problem dar im internen Kampf um Ressourcen (Konstruktion, Projektmanagement etc.).

Beim Bluffen ist das richtige Maß entscheidend.

Bluffen ist eine Kunst, keine Frage. Es gilt, das richtige Maß zu finden – nicht zu dick aufzutragen und nicht zu übertrieben zu jammern. Ein Bluff wirkt nur, wenn er glaubwürdig ist und nicht auf der großen Bühne gespielt wird.

Wir fassen zusammen:

▶ Bevor Sie sich auf eine Verhandlungsstrategie festlegen – wenn möglich unter Einbeziehung aller Beteiligten –, machen Sie sich Ihre Situation noch einmal klar:
  ▷ Wie wichtig ist die Zielerreichung für uns?
  ▷ Wie schätzen wir die Machtverhältnisse ein?
  ▷ Welche Bedeutung hat der Verhandlungspartner für uns?
  ▷ Welche Rolle soll er langfristig bei uns spielen?
  ▷ Welche Bedeutung haben wir für den Verhandlungspartner (Status als Kunde/Lieferant)?
  ▷ Was macht uns bzw. den Verhandlungspartner stark/mächtig?
  ▷ Wie kann die Wahrnehmung beim Verhandlungspartner verändert werden?
  ▷ Wie wichtig ist die langfristige Beziehung?
  ▷ Welches Risiko besteht für uns, wenn wir zu keiner Lösung in der bevorstehenden Verhandlung kommen?

Das Risiko determiniert sich über:

- Zeitdruck: Haben Sie Zeit? (Abhängig von internen Vorlauf-zeiten, Lieferzeiten/Wiederbeschaffungszeiten, Abhängig-keit von knappen Ressourcen etc.)

  Zeitdruck

- Marktmacht: Wie viel Macht hat der Kunde/Lieferant ver-glichen mit mir? (Größe, Marktstellung, Bedeutung des Auftrages, Bestellvolumen etc.)

  Marktmacht

- Wettbewerb: Gibt es mögliche Alternativen? (Anzahl der Wettbewerber, Intensität des Wettbewerbs etc.)

  Wettbewerb

- Produktkomplexität: Verstehen wir die Anforderungen des Kunden? Wie einfach ist ein Lieferantenwechsel? (Zulas-sungskriterien, Lernkurve etc.)

  Produkt-komplexität

- Bedeutung des Produkts für den Kunden: Welche Auswir-kungen hat der Ausfall des Produktes?

  Bedeutung des Produkts

- Bedeutung des Auftrags für den Lieferanten: Wie ist die Auftragslage/Auslastung? Wie strahlt der Auftrag auf das zukünftige Geschäft aus?

  Bedeutung des Auftrags

Nutzen Sie folgende Werkzeuge zur Bestimmung der strate-gischen Position:

- Marktmachtportfolio
- ABC-Versorgungsrisiko-Portfolio
- Kundenwertportfolio

TIPP FÜR EIN- UND VERKÄUFER

Ihr Ziel ist klar: Positionieren Sie sich mindestens auf Augen-höhe Ihres Gegenübers. Ihr Verhandlungspartner weiß schließlich nicht bis ins letzte Detail, wie sich Ihr Geschäft entwickelt oder welchem Druck Sie ausgesetzt sind. Theore-tisch ist alles möglich. Nutzen Sie das zu Ihren Gunsten!

RHETORIK – DAS ARGUMENTESPIEL

6

SUMMARY

In diesem Kapitel geht es darum, den anderen zu überzeugen – auch und vor allem dann, wenn man nicht automatisch die besseren Argumente hat. Wer am Berg überholen möchte, braucht mehr als gutes Schuhwerk. Er muss den nächsten Schritt seines Konkurrenten vorausahnen – und am besten schon vorher darauf reagieren. Wie wird der andere argumentieren? Wie kann ich ihn trotzdem links überholen? In diesem Kapitel erfahren Sie, wie das geht!

6.1 Motive (Kauf-, Verkaufsmotive) des Gegenübers erkennen

Das Vorurteil ist bekannt: Verkäufer hören schlecht zu, sind zu wenig am Geschäft des Kunden und an seinen Problemen interessiert und kennen ihr eigenes Produkt im Grunde genommen auch nicht wirklich gut. Zumindest können sie auf die Schnelle nicht sagen, welche Vorteile es im Vergleich zum Wettbewerb mitbringt. Verkäufer, sind wir ehrlich, hören sich gerne beim Reden zu.

Wie überrascht ist man dann, wenn man einem wirklich professionellen Verkäufer begegnet. Der sieht nämlich nicht in den Spiegel, sondern auf die Probleme seines Kunden – und er sieht sie so genau, dass er dessen Problembewusstsein dafür noch verstärken kann. Und der Kunde glaubt ihm, denn der fähige Verkäufer spricht schlicht und ergreifend seine Sprache.

Ein guter Verkäufer spricht die Sprache seines Kunden.

Was sind die wichtigsten Kaufmotive? Was wird von den Kunden wahrgenommen und ist im Moment der Kaufentscheidung relevant? Und andersherum: Warum verkauft einer? Was treibt ihn an? Was muss ich tun, damit mein Gegenüber erkennt, dass ich genau der Richtige bin, um seine Motive zu erfüllen?

Ist „höher, schneller, weiter" ein solches Kaufmotiv? Wenn es nach der weitverbreiteten Meinung vieler geht, ist dieses „Ganz vorne"-Sein eines Produkts ein echtes Kaufmotiv. Verkäufer konzentrieren sich oft auf wenige Kennzahlen und Messgrößen, die für den (Verkaufs-)Erfolg entscheidend sein sollen und gehen davon aus, dass B2B-Kunden ihre Entscheidungen schon rational treffen (jedenfalls rationaler als der Konsument). Was aber, wenn „schneller" keine Rolle spielt und auch andere „schnell genug" sind? Mal abgesehen davon, dass die Differenzierung über Produktmerkmale heutzutage immer schwieriger fällt, weil der Wettbewerber ein ähnliches, ja fast identisches Produkt im Sortiment führt – interessiert sich der Kunde tatsächlich allein für genau diese Messgröße, diese Parameter?

Value Selling

In letzter Zeit hörte man häufig den Abgesang auf den Kundennutzen („Value Selling is out"). Der Kunde habe sich heute bereits im Vorfeld einer Anfrage bestens informiert und könne den Produktnutzen ohne Zutun des Verkäufers selbst einschätzen. Der Mehrwert des Verkäufers bestehe darin, den Kunden bei seiner Entscheidungsfindung zu unterstützen und ihm die Sicherheit zu vermitteln, dass er die „richtige" Entscheidung trifft. Und zum Teil stimmt das auch. Der professionelle Einkäufer von heute ist technisch versiert, weiß, was er will und braucht, hat Produkt und Lieferant intern abgeklärt und möchte bitte schön keine umständlichen und langatmigen Produktbelehrungen – und anbiedernde Verkaufsgespräche schon gar nicht. Vor allem möchte er nicht, dass der Verkäufer ihm seine Zeit stiehlt. Aber – nicht jeder Einkäufer ist so professionell. Nicht nur in vielen kleinen und mittelständischen Firmen, sondern auch in zahlreichen Konzernen wird in Sachen Einkauf nicht so professionell gearbeitet, wie man arbeiten könnte. Die Zeiten, da ein Verkäufer das Value Selling zu den Akten legen sollte, sind also längst nicht vorbei. Ein Verkäufer muss das Verkaufsgespräch in vielen Richtungen beherrschen, denn er muss dem Einkäufer das verkaufen, was er haben will. Will er unbedingt einen guten Preis, muss er den Preis verkaufen, braucht er Zuverlässigkeit und Qualität, muss er Zuverlässigkeit und Qualität verkaufen, will er vom Produktnutzen überzeugt werden, muss er ihn auch von diesem Produktnutzen überzeugen.

Der Verkäufer verkauft dem Einkäufer das, was er haben will.

Und um herauszufinden, welchen Nutzen er dem Kunden verkaufen soll, muss er den Einzelfall und die Bedürfnisse des Kunden erkennen. Wer genau zuhört und echtes Interesse an den Anforderungen des Gegenübers erkennen lässt, fördert das gegenseitige Vertrauen in den Verhandlungspartner. Das ist vor allem wichtig, wenn es gilt, in schwierigen Situationen Lösungen zu finden. Und so kann der Verkäufer selbst zum „Alleinstellungsmerkmal" werden. Das Value Selling ist also nach wie vor wichtig und aktuell.

Im ersten Schritt geht es also darum, die vielfältigen Kaufmotive Ihres Gegenspielers zu erkennen, um bedarfsgerecht beraten zu können. Fast immer wird dabei eines oder mehrere der folgenden Motive eine Rolle spielen:

▸ Gewinnstreben und Kostenorientierung (z. B. Steigerung von Umsatz oder Gewinn, Einsparung, Erhöhung der Produktivität)

Gewinnstreben und Kostenorientierung

▸ Bequemlichkeit (z. B. Arbeitserleichterung, Vereinfachung, Komfort, Wartungsfreiheit, Service, persönliche Bequemlichkeit)

Bequemlichkeit

▸ Sicherheitsstreben (z. B. Risiko minimieren [persönlich, sachlich], Langlebigkeit, Ausfallrisiko reduzieren, Zuverlässigkeit, Glaubwürdigkeit, Qualität, Referenzen, keine Fehler machen)

Sicherheitsstreben

▸ Beziehung (langjährige Zusammenarbeit, Qualität der Kundenbetreuung, Effizienz in der Angebots- und Auftragsbearbeitung, Flexibilität usw.)

Beziehung

▸ Prestigedenken (z. B. Erfolg, soziale Anerkennung, Einfluss, Macht, Status, Karriere)

Prestigedenken

▸ Freude und Wohlbefinden (z. B. Spaß, Vergnügen, Beziehung, Harmonie)

Freude und Wohlbefinden

Nutzen Sie zur Vorbereitung Ihrer Argumente die Informationen, die Sie über Ihre Verhandlungspartner gesammelt haben, und bedenken Sie, dass jeder der Teilnehmer andere

91

Interessen verfolgt, andere Nutzenerwartungen hat, da sein Erfolg an anderen Kriterien festgemacht wird:

Einkauf

So ist es meist im Interesse des Einkaufs, Bestellvorgänge zu vereinfachen und den Verwaltungsaufwand zu minimieren. Der Einkäufer möchte daher die Zahl der Lieferanten gering halten oder reduzieren, Einkaufsmengen bündeln und die Anzahl der Bestellungen minimieren. Außerdem legt er Wert auf eine zuverlässige, termingerechte Auftragsabwicklung, flexible und schnelle Lieferungen und natürlich das beste Preis-Leistungs-Verhältnis. Die meisten Einkäufer müssen eine Einsparungsliste führen. Darin müssen sie den Erfolg ihrer Arbeit festhalten und zeigen, dass die gesetzten Ziele erreicht worden sind. Es würde den Verkäufer natürlich brennend interessieren, an welchen Zielen der Erfolg des Einkäufers gemessen wird. Ist es Einsparung, Liefertermintreue, sind es Reklamationsquoten oder andere Einkaufskennzahlen? So oder so: Beim Einkauf steht der Aufwand in Zahlen im Vordergrund.

Technik

Denken Sie auch an die Abteilung Technik, die unter Umständen ganz andere Ziele verfolgt. Die Anforderungen sind, je nach Verhandlungsgegenstand und Branche des Kunden, sehr unterschiedlich. Erwartet wird, dass die Technik zuverlässig ist und das Produkt sicher funktioniert. Die Technik legt Wert auf einen reibungslosen Ablauf der eigenen Produktion als Grundlage für eine kostenoptimierte Fertigung. Fragen der einfachen Bedienung und Wartung oder die Qualität der Verarbeitung können eine Rolle spielen. Aber natürlich auch innovative technische Lösungen oder mindestens der neueste „Stand der Technik". In vielen Fällen spielt die Kompatibilität mit anderen Komponenten eine wichtige Rolle wie auch geringe Durchlaufzeiten, einfache Produktionsprozesse oder bereits bestehende Abläufe. Oder es geht um Vereinfachung, Verkleinerung oder Gewichtsersparnis – jedenfalls geht es immer um handfeste technische Vorteile des Produkts.

Geschäftsleitung

Die Geschäftsleitung hat naturgemäß eher das große Ganze im Blick. Entscheidend sind die Auswirkungen auf Gewinn, Kosten, Umsatz, Image, Betriebsklima und die eigene Organisation oder strategische Aspekte wie das Erzielen von Wettbewerbsvorteilen oder die Verminderung von Risiken.

Gehen wir auf die andere Seite des Verhandlungstisches, zum Team, das über die Nordwand kommt: die Verkäufer. Welche Motive treiben sie typischerweise nach oben? Was ist für sie der Gipfel des Erfolgs (an dem sich ja meistens auch der variable Gehaltsanteil bemisst)? Im Kern kann man drei verschiedene Motive unterscheiden:

Da ist zum einen die Orientierung an Mengen. Dieser Verkäufer will möglichst viel verkaufen. Eine höhere Absatzmenge ist in der Regel gut für die Auslastung und erhöht meist auch den Umsatz. Er generiert Menge über den Preis – mit oftmals entsprechend aggressiven Tiefpreisen – und wird diesen Preis nicht zu hart verhandeln, da der Auftrag sonst verloren gehen kann.

Orientierung an Mengen

Ein weiteres wichtiges Motiv des Verkäufers ist der Umsatz. In diesem Fall möchte er ein Umsatzmaximum erreichen – auch dies möglicherweise unter dem Einsatz von niedrigeren Preisen und einer Verhandlungstaktik, die nicht zu hart ist.

Umsatz

Das dritte Verkäufermotiv in der Runde ist die Gewinnorientierung. Ein Verkäufer, der diesen Aufstieg nimmt, wird nicht um jeden Preis verkaufen und nimmt dafür auch den Verlust von Marktanteilen in Kauf, ja erwartet ihn sogar. Ihm ist es wichtig, einen möglichst profitablen Mix aus Marge und Menge zu erreichen, und das geht nur mit weniger aggressiven Preisen. Für den Einkäufer ist dieses Motiv sicherlich dasjenige, das ihn am meisten fordert, da der Verkäufer die Tür relativ schnell zuschlägt und ein für beide Seiten gutes Preis-Leistungs-Verhältnis ausgehandelt werden muss (win-win).

Gewinn-orientierung

6.2 Schlagkräftige Argumente entwickeln

Ein Argument ist nicht dann gut, wenn es Ihnen selbst wie ein klares, helles Licht erscheint, das den richtigen Weg leuchtet. Es ist gut, wenn Ihr Gegenüber dieses Licht ebenso sieht und ihm folgt. Ein schlagkräftiges Argument spricht in der Sprache meines Gegenübers und passt seine Erläuterungen dem Kenntnisstand meines Gegenübers an.

Ob Ein- oder Verkäufer: Man kann seine Position umso besser vermitteln, je mehr man sich auf den Ton und die Diktion seines Gegenübers einlässt.

Ob Ein- oder Verkäufer: Man kann seine Position umso besser vermitteln, je mehr man sich auf den Ton und die Diktion seines Gegenübers einlässt. Argumente, die das Budget betreffen oder Vorgaben der Geschäftsleitung oder die vielen anderen Positionen mehr, die zu berücksichtigen sind: Wer sie nach Maßgabe seines Gegenübers formuliert, zum Beispiel eher techniklastig oder eher kaufmännisch, je nachdem eben, mit wem man argumentiert, steigert die Chancen, verstanden zu werden und zu einer guten Lösung zu kommen.

Die Sprache, die ich spreche, wirkt aber nicht nur beim anderen, sondern erlaubt auch Rückschlüsse darauf, wie ich selbst ticke. Ein Einkäufer, den Leistungsindikatoren bzw. das Kosten-Nutzen-Verhältnis nicht interessieren, sondern nur der Preis und damit eventuelle Einsparungen, sollte nicht allzu viel Interesse an Leistung und Nutzen zeigen, ansonsten wird der Verkäufer logischerweise nicht sonderlich flexibel beim Preis sein. Vorsicht heißt es wiederum beim Verkäufer vor zu vielen technischen Details. Sie sind für den Kunden oft schwer zu verstehen. Viele Entscheider setzen sich nicht oder zumindest ungern intensiv mit Produktmerkmalen auseinander. Was zählt, ist das Ergebnis bzw. der Mehrwert, der sich aus der technischen Funktion für sie ergibt. Für Kunden zählen Leistungsindikatoren wie Ausbringung oder Einsparungen an Betriebsstoffen, Reduzierung des Bedienpersonals etc. und nicht die Produktspezifikation per se. Technische Details, Produktmerkmale und -vorteile sollten daher immer nur dazu dienen, den Nutzen, den der Kunde erwartet, plausibel zu erklären.

Nutzen plausibel erklären

Sie sprechen also in der Sprache Ihres Gegenübers. Sie geben acht, dass sich Sprache und Ziele nicht widersprechen. Bleibt der Inhalt: Wie lauten Ihre schlagkräftigen Argumente?

Das Werteversprechen

Als Verkäufer ist es Ihre Aufgabe, den Kunden davon zu überzeugen, dass er bei Ihnen kauft und nicht beim Wettbewerb. Mit Ihren Argumenten versprechen Sie dem Kunden einen Mehrwert, und dieses Werteversprechen (engl. „value proposition") ist für den Kunden im wahrsten Sinn des Wortes wertvoll und ein ausschlaggebender Grund, warum Sie das Produkt oder die Dienstleistung verkaufen. Es gibt verschiedene Arten von Wertversprechen, aus denen sich jeweils unterschiedliche Argumente ergeben:

1. *„Wir bieten den niedrigsten Preis."*
Nun, dieser Vorteil ist einfach zu verwirklichen, denn Sie sind nun mal der billigste Anbieter. Punkt.

    Der Nachteil dieses Werteversprechens liegt auf der Hand: Sie befinden sich ein für alle Mal im Preiskrieg. Das ist in Ordnung, wenn Sie die Kostenführerschaft haben und davon ausgehen, dass das auch in Zukunft so bleibt.

    Und der Einkäufer? Selbst wenn das für ihn das ausschlaggebende Argument ist, wird er insgeheim aber vielleicht trotzdem versuchen, den maximalen Nachlass zu verhandeln. Der Verkäufer weiß aber, dass er der billigste Anbieter ist, und es gibt keinen Grund, noch weiter nachzugeben.

2. *„Unser Produkt ist einmalig."*
Solange Ihr Wettbewerbsvorteil Bestand hat, müssen Sie keine eindimensionale Preisdiskussion führen. Aber der Wettbewerb schläft nicht. Die meisten sog. USP sind nicht von Dauer und auch Patente laufen bekanntlich irgendwann mal aus. Zudem wird Ihr Kunde immer wieder überlegen, ob er nicht doch Kompromisse eingehen kann, um Geld zu sparen. Die Herausforderung besteht darin, dem Wettbewerb immer einen Schritt voraus zu sein, also nicht nur aktueller Technologieführer, sondern Innovationsführer zu sein.

    Und der Einkäufer? Der wird bei diesem Werteversprechen versuchen, Wettbewerb zu generieren, der das alles auch kann. Sei es realer Wettbewerb, der durch Recherche, Marktforschung oder durch technische Änderungen entsteht (mit einigen Änderungen in den Anforderungen können das Produkt plötzlich auch andere). Natürlich kann er den Wettbewerb auch vorgaukeln und bluffen. Doch Vorsicht: Das erfordert Nerven aus Stahlseilen, denn beim Bluffen hängen Sie ohne Absicherung über dem Abgrund. Das kann gut ge-

„Wir bieten den niedrigsten Preis."

„Unser Produkt ist einmalig."

hen, wenn Sie darin erprobt sind und nicht zu viel auf einmal wollen. Man kann aber auch abstürzen, zumal dann, wenn man seine schauspielerischen Fähigkeiten falsch einschätzt. Dann genügt schon ein kleiner Windstoß.

„Wir machen Ihnen das Leben leichter."

3. *„Wir machen Ihnen das Leben leichter."*
Ein schönes Werteversprechen. Und wenn der Kunde das auch so sieht, hört er vielleicht irgendwann auf, über Alternativen nachzudenken. Er bestellt einfach oder der Vertrag verlängert sich automatisch – und Sie können dieses Buch hier getrost zur Seite legen. Dennoch besteht die Gefahr, dass Ihre Leistung austauschbar wird. Das Risiko, zur „Commodity" zu werden, hängt davon ab, wie spezifisch bzw. kritisch das für Ihre Leistungserbringung bei diesem Kunden erforderliche Know-how ist. Einen Kurierdienst zu ersetzen dürfte den meisten Kunden leichterfallen als den Dienstleister, der die komplette IT-Infrastruktur des Unternehmens wartet und betreibt. Und sehen Sie sich Ihr Gegenüber genau an und argumentieren in seinem Sinn, denn Einkauf und Fachabteilung empfinden oftmals bei ganz unterschiedlichen Dingen „Erleichterung". Der Einkauf möchte in der Regel keinen großen administrativen Aufwand haben, der Techniker keine technischen Probleme. Argumentieren Sie entsprechend!

Und der Einkäufer? Darf ehrlich sein! Sagen Sie, was Ihnen das Leben einfacher macht (wenn auch dies Ihr Verhandlungsziel ist).

„Wir übernehmen Verantwortung für den Erfolg des Kunden."

4. *„Wir übernehmen Verantwortung für den Erfolg des Kunden."*
Je fortgeschrittener Ihre Integration in die (operativen) Prozesse beim Kunden, desto schwerer wird es für ihn, Sie zu ersetzen. Diese Abhängigkeit kann echte Partnerschaft und Loyalität bedeuten. Aber Sie dürfen Ihren Kunden dennoch nicht enttäuschen. Er erwartet von Ihnen (mit Recht), dass Sie sein Geschäft, seine Anforderungen verstehen und aktiv daran mitarbeiten, besser zu werden.

An echter Partnerschaft – sowohl technisch als auch kaufmännisch – hat der vernünftige Einkäufer sicher nichts auszusetzen. Je weiter der Einkäufer einen Lieferanten aber in den eigenen Prozess integriert, desto größer wird die Barriere, ohne großen Aufwand zu einem anderen Lieferanten zu wechseln. Plötzlich gibt es Zulassungen, Freigaben und Spezifikationen, die alle auf den einen Lieferanten zugeschnitten sind. Sie schaffen sich einen sogenannten „hausgemachten" Monopolisten. Oft hat der Einkäufer auf diese Situation keinen Einfluss, da die Weichen dafür bereits in den Fachabteilungen gestellt werden. Hier lässt man sich, aus fachlicher Sicht durchaus nachvollziehbar, bereits früh auf einen Lieferanten ein, da es keinen Sinn macht und sogar kontraproduktiv ist, mit mehreren Lieferanten parallel zu arbeiten. Das bekommt besondere Bedeutung bei Produkten oder Dienstleistungen, die gemeinsam mit dem Know-how-Träger-Lieferant erarbeitet und entwickelt werden.

Lieferanten wissen natürlich auch um dieses strukturelle Phänomen. Schlecht für den Einkäufer, wenn der Lieferant diese Situation gezielt herbeiführt (das sogenannte Backdoor Selling) und sie dann zusätzlich sogar noch ausnutzt.

Da hilft dann aber trotzdem kein nachträgliches Jammern über die Macht des Lieferanten, bei dem „man nichts machen kann". In diese Situation haben Sie sich selber manövriert und müssen schon selbst einen Ausweg finden. Sind Sie wirklich der Meinung, dass „man nichts machen kann"? Bevor Sie sich nur noch die Preislisten schicken lassen und überhaupt nicht mehr verhandeln, nehmen Sie die Herausforderung an, denn an diesem Punkt wird es für den guten Einkäufer erst richtig spannend.

Machen Sie sich eines klar: Es gibt immer eine Alternative, auch zum Monopolisten. Die Frage ist, wie viel Aufwand Sie treiben wollen und können, um sich aus dieser Situation wieder herauszuarbeiten? Mit dem entsprechenden Aufwand in den Bereichen Marktforschung, technische Änderungen und Änderungen des Prozesses werden auf einmal auch wieder andere Lieferanten interessant. Treiben Sie diesen Aufwand oder legen Sie dem Lieferanten zumindest überzeugend dar, dass Sie bereit sind, seine Stellung infrage zu stellen, und Sie werden sehen, dass Sie plötzlich wieder bessere Karten haben. Erschüttern Sie seinen Glauben an seine Monopolstellung. Schaffen Sie wieder Wettbewerb, realen oder imaginären (Bluff), wenn der Lieferant sich nicht als Partner zeigt. Auch wenn es länger dauert. Aber auch ein Monopolist muss langfristig denken und Umsatz machen. Auch wenn Sie in einer konkreten Verhandlungssituation mal nachgeben „müssen", machen Sie dem Lieferanten klar, dass Ihnen das nicht wieder passieren wird. Dabei dürfen Sie dem Lieferanten auch mal mit dem Verlassen der langfristigen Partnerschaft drohen.

Ihrem Kunden einen Nutzen, also einen Mehrwert, zu versprechen, ist auf jeden Fall eine Grundlage für gute Argumente. Wirklich überzeugend sind diese Argumente aber nur, wenn Ihre Wettbewerber nicht das Gleiche können, Sie sich also mit Ihrem Angebot von Ihrem Wettbewerb abheben.

Leistungsdifferenzierung

Zwar sind Kaufmotive und Entscheidungskriterien so unterschiedlich wie die Personen, die Kaufentscheidungen zu treffen haben, und so vielfältig wie die Produkte, die ihnen angeboten werden. In unseren Beratungsprojekten zeigt sich jedoch immer wieder, dass sich die wesentlichen leistungsbezogenen Kriterien branchenübergreifend unter den folgenden Überbegriffen zusammenfassen lassen:

Leistungsdifferenzierung ist Grundlage für gute Argumente.

▶ Qualität (z. B. Produktsicherheit, Lebensdauer …)
▶ Effizienz (z. B. Verfügbarkeit, Einsparpotenzial …)
▶ Flexibilität
▶ Möglichkeit, zusätzlichen Nutzen für den Kunden des Kunden zu generieren

Worauf legt der Mensch, der Ihnen am Verhandlungstisch gegenübersitzt, besonders Wert? Fragen Sie ihn doch einfach!

✓ CHECKLISTE

Fragen zur Bedarfsermittlung im Kundengespräch/ in der Verhandlung

☐ Worauf legen Sie besonderen Wert? Aus welchen Gründen?
☐ Was ist für Sie bei der Auswahl eines Lieferanten von entscheidender Bedeutung? – Und was noch?

☐ Welche Anforderungen stellen Sie an …?
☐ Wie zufrieden sind Sie mit …?
☐ Welche Erfahrungen haben Sie mit … gemacht?
☐ Welche Ziele verfolgen Sie mit …?
☐ Welche Vorstellungen/Erwartungen haben Sie?
☐ Wofür interessieren Sie sich besonders?
☐ Was müssten wir Ihnen bieten, damit …?
☐ Welche Bedeutung hat für Sie …?
☐ Wie wichtig ist Ihnen …?
☐ Wäre das für Sie interessant?

Als Einkäufer sollten Sie sich in dieser Fragerunde vor allem über eins im Klaren sein: Wer fragt, der agiert, wer antwortet, reagiert. Lassen Sie sich die Verhandlungsführung nicht zu einfach aus der Hand nehmen! Überlegen Sie genau, welche Informationen Sie Ihrem Gegenüber preisgeben. Sie dürfen Fragen auch gerne zurückweisen oder mit der berühmten Gegenfrage beantworten:

Wer fragt, der agiert!

▶ Warum fragen Sie das?
▶ Was ist der Hintergrund Ihrer Frage?
▶ Was genau möchten Sie wissen?

Auf diese Weise sind Sie schnell wieder einen entscheidenden Höhenmeter weiter und führen die Tour, anstatt nur teilzunehmen. Gegenfragen sind auch eine gute Möglichkeit, herauszufinden, warum der andere etwas fragt. Und je unerfahrener Ihr Gegenüber ist, desto leichter wird er Ihnen (unfreiwillig) Einblick in seine Route geben. Klar, Gegenfragen haben einen schlechten Ruf und wirken immer fast ein bisschen schnippisch: Aber Sie sind der Kunde, Sie dürfen das!

Sie haben nun hoffentlich viele Argumente gesammelt. Welche aber sind die schlagkräftigsten, Ihre „Trümpfe", wann sollten Sie sie ausspielen und welche können Sie den Argumenten Ihres Gegenübers in der Verhandlung entgegensetzen?

Wenn Sie jeden Aspekt bewerten nach
a) der Bedeutung für den (jeden einzelnen!) Kunden und
b) Ihrer relativen Wettbewerbsstärke, wenn möglich aus der Sicht des Kunden,

dann erhalten Sie eine (kundenbezogene) Wettbewerbsvorteilsmatrix (s. Abb. 15).

TIPP VERKÄUFER

Wenn Sie überhaupt nicht einschätzen können, wie der Kunde Ihr Unternehmen im Wettbewerbsvergleich beurteilt, können Sie ihn im Vorfeld der Verhandlung fragen – regelmäßig durchgeführte Kundenbefragungen bieten dafür eine gute Gelegenheit. Sorgen Sie dafür, dass diese Befragungen nicht allein vom Marketing betrieben werden, sondern bringen Sie Ihren Informationsbedarf, Ihre Fragen zum Beispiel zu der Bedeutung bestimmter Kriterien und der Position Ihres Unternehmens im Wettbewerbsvergleich ein.

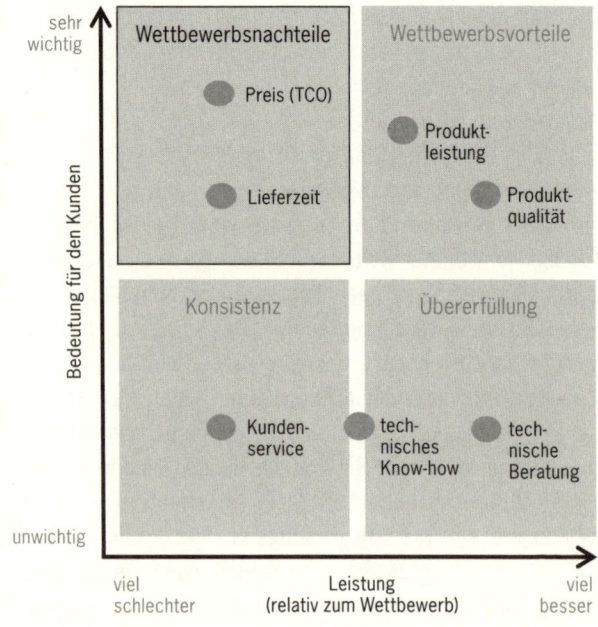

Abb. 15:
Beispiel einer
Wettbewerbsvorteilsmatrix

Konzentrieren Sie sich zunächst auf die Argumente mit der größten Durchschlagskraft, das sind die im rechten oberen Quadranten der Wettbewerbsvorteilsmatrix. Hier müssen Sie den Wert für den Kunden besonders hervorheben. Unterlegen Sie diese Argumente mit den Fakten und Beweisen, die Ihre Argumente bezogen auf die Situation bei diesem Kunden am besten untermauern.

Aber auch für den Kunden augenscheinlich weniger wichtige Aspekte können gute Argumente darstellen, wenn hier Ihre Stärken liegen (rechts unten). Betonen Sie die Risiken für den Kunden, die die Schwächen der Wettbewerber mit sich bringen (ohne diese dabei schlecht zu machen – das fällt nämlich auf Sie zurück). Versuchen Sie den Nutzen messbar zu machen. Versuchen Sie Trends aufzuzeigen, die in Zukunft für einen hohen Nutzen sorgen werden.

Besonders wichtig ist auch, dass Sie Probleme und Risiken im Voraus erkennen. Dort, wo Sie die Kundenanforderungen nicht erfüllen (links oben), müssen Sie Gegenargumente vorbereiten:

Probleme und Risiken nicht erst am Verhandlungstisch erkennen.

- Sind die Wettbewerber überhaupt besser? Beschreiben Sie ein mögliches Problem als typisch für alle Anbieter.
- Welche Themen basieren auf Anekdoten? Bereiten Sie Fakten vor, um Anekdoten zu kontern.
- Sind die Probleme evtl. kundenspezifisch (hausgemacht) oder gelten sie allgemein? Recherchieren Sie Gegenbeispiele.
- Und versuchen Sie Negatives in Positives umzudeuten: 5 % Lieferverzögerungen bedeuten auf der anderen Seite 95 % pünktliche Lieferungen!

Keine Frage, die Basis für eine starke Story und für hervorragende Argumente sind Alleinstellungsmerkmale. Wenn ich dem Kunden etwas bieten kann, das er braucht (Kundenbedürfnis) und das der Wettbewerb nicht anbieten kann (Differenzierung), sind die Argumente von Natur aus auf meiner Seite und der Aufstieg ist ein Spaziergang. Doch wir leben in der realen Welt und Alleinstellungsmerkmale wachsen keineswegs wie Enzian am Wegesrand. Was also, wenn mein Produkt austauschbar ist (Commodity) bzw. das, was es eventuell einzigartig macht, für den Kunden keine Rolle zu spielen scheint?

Alleinstellungsmerkmale sind nur eine Kategorie von möglichen Argumenten. Wenn Sie mit diesen Merkmalen nicht punkten können, müssen Sie weiter überlegen. Argumente

sollen Ihre Ziele, Ihren Standpunkt, Ihre Forderungen untermauern, begründen und unterstützen. Sie müssen dabei
nachvollziehbar und schlüssig und möglichst nicht widerleg-
bar sein. Das heißt nicht unbedingt, dass sie auch wahr sein
müssen. Ein guter Bluff kann durchaus Wirkung zeigen!

Also, was gibt es noch für Argumente, wenn das Alleinstellungsmerkmal als Steigeisen gerade nicht zur Verfügung
steht?

Kalkulation

Kalkulation: Können und wollen Sie anhand der Kostenstruk-
tur/-entwicklung darlegen, dass Ihr Angebot fair oder gar
günstig ist? (Rohstoffpreise, Löhne, Energie, Logistik)

Partnerschaft

Partnerschaft: Wuchern Sie mit dem Pfund einer guten Geschäftsbeziehung, dem bestehenden Vertrauen.

Qualität

Qualität: Nutzen Sie die bekannte Qualität Ihrer Produkte,
Ihre Lieferperformance usw. zu Ihren Gunsten. Heben Sie
Ihre (technische) Kompetenz hervor, Ihre Flexibilität, die Qua-
lität Ihrer Beratung etc. Verweisen Sie auf namhafte Kunden,
Ihre langjährige Erfahrung, nennen Sie Referenzen.

Sicherheit

Sicherheit: Führen Sie aus, dass sich Ihr Kunde auf Sie verlassen kann, nicht nur auf Ihre Unterstützung (Partnerschaft)
und Lieferperformance (Qualität), sondern auch darauf, dass
Sie – als namhaftes, etabliertes und solventes Unternehmen – auch in einigen Jahren noch zuverlässig liefern werden,
dass Ihr Kunde bei Engpässen bevorzugt beliefert wird usw.

Und nicht vergessen: Nutzen Sie stets auch Ihre Verhandlungsmasse (Lieferzeit, Zahlungsbedingungen, zusätzliche
Leistungen), um Ihre Hauptziele zu erreichen!

Wie spielt der Einkäufer das Spiel der Argumente? Welche
Routen stehen ihm zur Verfügung?

Wettbewerb

Wettbewerb: Der Wettbewerb ist ein Argument, das Sie als Einkäufer immer benutzen können: „Sie haben ja recht, aber die
anderen können es eben auch!" Das Wettbewerbsargument
sollte immer fallen. Wenn Sie es nicht benutzen, erkennt ein
gewiefter Verkäufer, dass es keinen Wettbewerb gibt – denn
sonst würden Sie ihm dieses Argument ja in den Weg legen.

Kalkulation: Kalkulation ist Ihr gutes Recht als Einkäufer. Überzeugen Sie den Verkäufer anhand von Fakten und Zahlen der Produktkalkulation von der Richtigkeit Ihres Standpunkts. Das Kalkulationsargument kann für den Einkäufer nicht hoch genug bewertet werden – vorausgesetzt, er hat die Zahlen vorliegen und er hat recht. Sind Rohstoffkosten nicht gesunken oder lässt sich die Produktkalkulation nicht weiter optimieren, hat also der Verkäufer die Kalkulation auf seiner Seite, wird dieses Argument natürlich nicht benutzt. Sackgassen führen nicht zum Gipfel! Aber es gibt ja noch andere Wege, zum Beispiel die

KVP/Lernkurve: Arbeitet man mit einem Lieferanten bereits länger zusammen, kann man aufgrund von KVP (kontinuierlicher Verbesserungsprozess) oder Lernkurveneffekten durchaus eine Optimierung beispielsweise des Preises oder der Qualität verlangen. Ihr Unternehmen muss diese Effekte schließlich auch an seine Kunden weitergeben, warum also nicht dasselbe vom Lieferanten fordern? Ein gutes Argument auch, um Preiserhöhungen abzuwehren.

Die eigenen Kunden: Mit den eigenen Kunden ist gut argumentieren. Sie können nicht anders, als den Druck des Marktes, Ihrer Kunden, wenigstens zum Teil an die eigenen Lieferanten weiterzugeben. Auch wenn Sie noch so gerne anders handeln würden, es geht leider nicht. Ein wunderbares Argument, das vielseitig eingesetzt werden kann: bei Preisverhandlungen, Reklamationen, höheren Qualitätsanforderungen, Flexibilität, kurzfristigen Änderungen und so weiter.

Beziehung/Partnerschaft/Fairness: Auch die gute Beziehung wird immer wieder gerne als Argument herangezogen. Man arbeitet schließlich schon lange Jahre gut zusammen, man ist ein Partner, auf den man sich verlassen kann, es kommen kontinuierlich Aufträge rein, die Zahlungsmoral ist auch in Ordnung. Sehr gut lässt sich dies mit einem Appell an Fairness kombinieren: „Das ist jetzt aber nicht mehr fair!/Unter Partnern kann man noch nicht …/Wir haben gedacht, gerade mit Ihnen…" Das Beziehungsargument eignet sich auch gut,

Kalkulation

KVP/Lernkurve

Die eigenen Kunden

Beziehung/ Partnerschaft/ Fairness

wenn die eigene wirtschaftliche Situation gerade schlecht ist und man Hilfe vom Partner erwartet oder man sich hohen Forderungen gegenübersieht, die überraschend kommen.

Umsatz/ Auslastung

Umsatz/Auslastung: Ein sehr belastbares Argument. Der Verkäufer soll bitte bedenken, dass der im Raum stehende Auftrag ja auch Auslastung bringt. Die Maschinen drehen sich, die Kollegen haben zu tun, das muss ihm doch etwas wert sein. Dieses Argument ist universell bei allen Verhandlungen einsetzbar und wirkt besonders stark bei großen Aufträgen.

Budget/Vorgaben von oben

Budget/Vorgaben von oben: Ein schwer zu widerlegendes Argument, denn Ihr Gegenüber kennt die internen Vorgaben nicht, mit denen Sie argumentieren. Wie also darauf antworten?

Referenz

Referenz: Das Referenzargument eignet sich, wenn man einen guten Namen hat: Der Verkäufer möge auch daran denken, dass man als attraktiver Kunde ja auch auf der Referenzliste geführt werden kann. „Wenn Sie den Marktführer Pkws auf der Referenzliste haben wollen, dann…"

Verhandlungs-masse

Verhandlungsmasse: Auch der Einkäufer braucht für die Verhandlungen Verhandlungsmasse. Wie der Lateiner schon wusste: Do ut des – gib, damit dir gegeben wird. So macht man es seinem Verhandlungspartner leichter, einem entgegenzukommen. Verhandlungsmasse sollte nie spontan angebracht werden, sie gehört zu den Argumenten, auf die man sich gründlich vorbereiten muss – siehe hierzu Kapitel 4. Typische Verhandlungsmasse wären: die Menge erhöhen, Folgeaufträge, bessere Zahlungskonditionen, bessere Lieferkonditionen, längere Laufzeit eines Vertrages usw.

Sicher wird sich auch der Einkäufer Gedanken machen, welche Argumente auf dem Weg zum Gipfel am erfolgversprechendsten sind. Er wird sich überlegen, wie er Argumente kombiniert und nutzt. Insgesamt hat er es vielleicht ein wenig leichter, da er ja derjenige ist, der vom Verkäufer überzeugt werden muss. Schließlich ist er der Kunde und er entscheidet auch, ob der

Verkäufer einen Auftrag bekommt. Er muss wissen, wie er mit den Argumenten der Gegenseite umgehen will, und sich hier nicht dem Zufall oder der Intuition ausliefern. Sonst trifft das alte Sprichwort zu, dass man hinterher immer klüger ist.

Der Einkäufer geht immer mit einem Abschluss nach Hause, ihm kann nur passieren, dass der Abschluss nicht besonders gut ist! Für den Verkäufer hingegen gilt, dass er eine Verhandlung auch häufig ohne Abschluss verlässt.

TIPPS

► Machen Sie sich mit Argumentations- und Einwandtechniken vertraut! (Ja-Aber-Technik, Verlust-Ausgleichs-Technik, „Später"-Technik, Erfahrungstechnik)
► Machen Sie sich mit den gängigen Manipulationstechniken vertraut! („Ist-doch-klar"-Schwindel, Schwurtaktik, „Gutmensch"-Falle, „offensichtliche" Falle)
► Überlegen Sie genau, ob Sie genügend Verhandlungsmasse haben oder sich noch etwas zurechtlegen müssen (bspw. großzügiger Verzicht auf Schadensregulierung bei den letzten Reklamationen).
► Überprüfen Sie Stärken/Schwächen Ihrer Argumente und die Chance, dass diese vom Gegenüber akzeptiert werden.
► Überprüfen Sie, ob Begründungen und Folgerungen schlüssig sind.

FRAGEN

► Mit welchen Argumenten (Fakten/Sachargumenten/Scheinargumenten) kann ich meine Ziele begründen, meinen Standpunkt untermauern?
► Welche meiner Argumente sind stark, welche sind schwach?
► Mit welchen Einwänden wird die Gegenseite meine Argumente kontern?
► Welche Argumente wird der Verhandlungspartner ausspielen?

> ► Welche Einwände/Gegenargumente stehen selber zur Verfügung?
> ► Was kann ich meinem Verhandlungspartner anbieten, damit er mir entgegenkommen kann?

6.3 Die Schuhe des anderen

Was ist das täglich Brot des Verkäufers? Argumentieren, Kunden überzeugen, sprich: zu verkaufen. Als Einkäufer sollte man diese scheinbare Banalität immer im Hinterkopf haben. Der Verkäufer ist jeden Tag am Berg! Er hat aller Wahrscheinlichkeit mehr Übung und Erfahrung mit dem Aufstieg – und auch mit den Bergsteigern, die ihm nacheifern. Jeden Tag muss er Menschen einschätzen und sich einen Eindruck verschaffen, wie erfahren und professionell jemand ist. Er wird Lügen und Bluffs schnell erkennen und Unsicherheit und Unerfahrenheit für sich zu nutzen wissen. Ganz anders der Einkäufer, er ist kein Bergfex, wie auch, schließlich hat er noch Tausend andere Dinge zu tun: er muss Lieferanten bewerten, Standardisierungsprojekte leiten, technische Abstimmungen mit den Fachabteilungen vornehmen, Lagerbestände überwachen, ganz zu schweigen von administrativen Aufgaben wie Bestellungen schreiben, Auftragsbestätigungen hinterherlaufen oder abweichende Rechnungen prüfen.

Ungleichgewicht zwischen Verkäufer und Einkäufer

Das Ungleichgewicht wird noch verstärkt. Oft sind Verkäufer schlicht besser geschult. Das geht von Verhandlungs- über Produktschulungen bis zu einstudierten Kosten-Nutzen-Argumentationen. Wenn wir in unseren Seminaren hingegen Einkäufer fragen, auf welchen Schulungen sie aufbauen können, ist es nicht selten, dass dies ihr erstes Verhandlungsseminar ist. Oft sind sie nicht einmal in der eigenen Argumentation sicher, geschweige denn in der Vorhersage der klassischen Gegenargumente des Verkäufers.

Wie bekommen Sie als Einkäufer den Berg trotzdem bezwungen, und zwar nicht irgendwie, sondern mindestens auf Augenhöhe mit dem Verkäufer? Indem Sie sich in seine Welt hineindenken! In Kapitel 6.2 haben Sie bereits wertvolle Hinweise bekommen, wie der Verkäufer inhaltlich argumentieren wird. Die Karte und seine Route liegen also vor Ihnen – und es wäre geradezu fahrlässig, diesen Weg in Gedanken nicht vorzubereiten. Schauen Sie genau hin und erkennen Sie die Abkürzungen, jene Argumente, die Sie auf die des Verkäufers entgegnen können und die Sie einen entscheidenden Schritt nach vorne bringen. Sehen Sie genau hin und erkennen Sie die Fallen, die die Route des Verkäufers für Sie birgt. Entwickeln Sie ein sicheres Seil, das Sie über diese Abgründe trägt.

Als Verkäufer haben Sie Ihre Argumente schon im Hinblick auf die Bedürfnisse des Kunden zurechtgelegt, sich also in seine Situation versetzt. Dennoch sollten auch Sie noch einmal darüber nachdenken, wie Ihr Verhandlungspartner wohl argumentieren wird. Mit welchen Einwänden wird er versuchen zu verhindern, dass Sie Ihr Ziel erreichen? Sie dürfen nicht vergessen: Auch der Einkäufer bereitet sich (zunehmend) professionell vor. Versuchen Sie also die Ziele, Strategie und Taktik und die Argumentationsbasis Ihres Gegenübers vorherzusehen und fragen Sie sich: „Habe ich dem genug entgegenzusetzen?" bzw. „Brauche ich noch eine größere Verhandlungsmasse?"

TIPPS

▶ Machen Sie sich mit den gängigen Einwandtechniken vertraut, um die Argumentation der Gegenseite nicht zur Wirkung kommen zu lassen.
▶ Bringen Sie die Argumente Ihres Gegenübers zum Einstürzen:
  ▷ Korrektheit der Begründung widerlegen
  ▷ Schlussfolgerungen infrage stellen
▶ Um einen Schritt voraus zu sein, überlegen Sie sich, welche Position Ihr Verhandlungspartner einnimmt:
  ▷ „Was würde ich in seiner Situation tun?"
  ▷ „Welche Ziele hat er und wie will er versuchen diese zu erreichen?"
  ▷ „Wie wird er argumentieren, damit ich zustimme?"
  ▷ „Wo liegen seine Grenzen, bis wohin wird er gehen?"

▶ Wie wird er seine Ziele „verkaufen", also begründen?

▶ Welche seiner Argumente sind stark und bedürfen hoher Aufmerksamkeit?

▶ Welche seiner Argumente sind schwach und lassen sich leicht aushebeln?

▶ Mit welchen Einwänden kann er meine Forderungen/Argumente kontern?

▶ Wie kann er mir entgegenkommen, damit ich ihm auch entgegenkommen kann?

▶ Was kann ich ihm anbieten, was hilft ihm weiter, damit er mir entgegenkommen kann?

6.4 Argumentations- und Einwandtechniken erkennen und anwenden

Jetzt, wo Sie Ihre Argumente und die voraussichtlichen Argumente der Gegenseite gesammelt haben, planen Sie Ihre Route! Zum Beispiel so:

Der Verkäufer sagt: „Den geforderten Preisnachlass kann ich Ihnen nicht geben, das rechnet sich nicht für uns. Denken Sie nur an die gestiegenen Rohstoffkosten bzw. Personalkosten!" (Kalkulationsroute)

Sie als Einkäufer antworten: „Sie mögen recht haben, ich frage mich allerdings, wie Ihre Wettbewerber das dann machen. Die geben im Preis nämlich nach." (Wettbewerbsroute) Oder Sie antworten, indem Sie sich ebenfalls auf die Kalkulationsroute machen: „Sie wollen mit mir über Kosten reden, das können wir gerne machen. Lassen Sie uns die Kalkulation aber bitte Schritt für Schritt durchgehen." Wenn Sie sich auf diese Route begeben, sollten Sie sicher sein, dass Sie sie ohne Anstrengung erwandern können. Sprich: dass Sie in dieser Diskussion um die Kosten die Oberhand behalten.

Eine andere Route führt über die Manipulationstechnik – die im eigentlichen Sinn kein Argument verwendet, sondern den Standpunkt des anderen verbal diskreditiert, bevor dieser ihn ausgesprochen hat. Zum Beispiel so: „Ich kann nur hoffen, dass Sie mich nicht wie diese ganzen anderen Anfänger, mit denen ich es in letzter Zeit zu tun habe, mit gestiegenen Rohstoffkosten oder Personalkosten volljammern. Da kann ich Ihnen jetzt schon sagen, das werde ich nicht akzeptieren, da – nun wird ein eigenes Argument platziert, welches nicht mehr besonders gut sein muss – unsere Kunden darauf ebenfalls keine Rücksicht nehmen. Aber ich gehe davon aus, dass Sie mir mehr zu bieten haben!"

In Kapitel 10 finden Sie eine ausführliche Übersicht über gängige Argumentations- und Manipulationstechniken sowie über den Aufbau von Argumentationsketten und Argumentationsstrategien.

Auch dem Verkäufer bieten sich verschiedene Varianten:

Der Einkäufer sagt: „Ich kann es mir nicht leisten, jeden Techniker mit Ihrem Analysegerät auszustatten!"

Sie als Verkäufer entgegnen: „Können Sie es sich leisten, das nicht zu tun? (‚Bumerangmethode') Sie sagten doch vorhin, dass Schnelligkeit im Service entscheidend ist."

Oder Sie nennen ausgleichende Vorteile: „Sicher, das bedeutet im ersten Schritt eine gewisse Investition. Da Ihre Servicetechniker diese Analysen sofort vor Ort durchführen können, sparen Sie …"

TIPPS FÜR EINKÄUFER UND VERKÄUFER AUF EINEN BLICK

▶ Prüfen Sie gewissenhaft, ob die eigene Argumentation vollständig ist: Sind die Wegmarken richtig gesetzt?
▶ Welche Argumente will ich in welcher Reihenfolge ausspielen?

- ▶ Welche Argumente der Gegenseite bedürfen besonders hoher Aufmerksamkeit?
- ▶ Wie will ich mit den starken Argumenten der Gegenseite umgehen?
- ▶ Wie will ich mit den schwachen Argumenten der Gegenseite umgehen?
- ▶ Gibt es Argumentationsketten, die sinnvoll wären?
- ▶ Mit welchen Einwänden wird die Gegenseite kontern?
- ▶ Gibt es Manipulationstechniken, mit denen ich meine Argumente besser verpacken und verkaufen kann?

Und nun: Üben Sie und laufen Sie Ihre Route in Gedanken oder, noch besser, laut vor sich hinsprechend, mehrmals ab.

EMPATHIE – WIE MAN MENSCHEN FÜR SICH GEWINNT!

7

SUMMARY

Im folgenden Kapitel geht es um Empathie – um die Wellenlängenroute, die Sie mit anderen Routen kombinieren können. Keine Sorge, jetzt wird es nicht kuschelig und uneindeutig, sondern es geht darum, wie man Wellenlänge zum Verhandlungspartner aufbaut. Beobachten und verstehen Sie den anderen, „schwingen" Sie sich auf ihn ein und Sie werden ihn mit Ihren Argumenten besser erreichen.

7.1 Wie man die Beziehungsebene in Verhandlungen nutzen kann

Bislang haben wir zwei Routen zum Verhandlungserfolg kennengelernt: die der Nutzung und Beeinflussung der Machtposition und die der Rhetorik. Doch was, wenn man nicht in der Ausgangssituation ist, dem anderen seinen Willen aufzuzwingen (Route A) – ja, der andere sogar in der wesentlich besseren Position ist? Oder wenn Route B keine Option darstellt, da beide Seiten gleichermaßen gute Argumente haben (oder die Gegenseite bessere)? Dann wählen Sie die dritte Route: Ihr Verhandlungspartner muss Ihre Ziele erfüllen *wollen*. Wenn es also über Sachargumente nicht weitergeht, wechseln Sie auf die psychologisch wichtige Beziehungsebene.

Beziehungsebene freundlich einsetzen: die Wellenlänge

Sie kennen das sicher aus eigener Erfahrung. Wenn zwei sich schätzen oder sich gar sympathisch sind, kommt man auch in einer schwierigen Verhandlungssituation zu einem guten Ergebnis, zumindest ist dieses Ergebnis wahrschein-

111

licher, als wenn man sich nicht ausstehen kann. Und genau das beschreibt Route C: Man muss versuchen dahin zu kommen, dass beide Verhandlungsparteien einfach ein Ergebnis erzielen *wollen*. Dass eine Atmosphäre herrscht, in der man einander schätzt. Die alte chinesische Volksweisheit *„Wenn du einen Feind nicht besiegen kannst, dann mache ihn dir zum Freund!"* haben wir bereits erwähnt.

Route C geht also, salopp formuliert, den Weg der Wellenlänge. Man versucht, den anderen für sich zu gewinnen und so das Verhandlungsergebnis zu erreichen, dass man sich vorgenommen hat. Das ist Manipulation, mögen Sie einwenden. Wir würden es gerne positiver fassen: Es geht um Aufmerksamkeit und Verständnis, Respekt und Höflichkeit. Und daran hat sich noch nie jemand gestört.

Wellenlänge ist keine Schwingung, die vom Himmel fällt. Sie will vielmehr sorgfältig vorbereitet und aufgebaut sein. Um Wellenlänge richtig zu verstehen, wollen wir zunächst vier grundsätzliche Fragen klären:

1. Mit was für einem Menschen hat man es zu tun?
2. Wie stellt man Wellenlänge zu einer Person her?
3. Wie baut man eine bestimmte Beziehung zu einem bestimmten Menschen auf?
4. Wie gewinnt man diesen Menschen für sich?

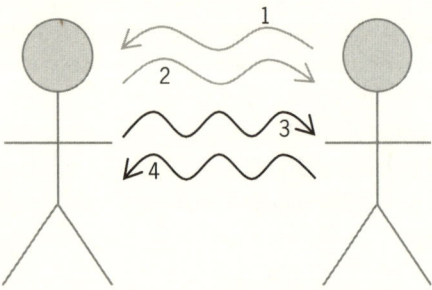

Abb. 16:
Auf den Verhandlungspartner „einschwingen"

Der erste Schritt, um eine Beziehung zu einer Person aufzubauen, ist, sie kennenzulernen, sie gewissermaßen „zu lesen" (Welle eins). Und weil wir mit diesem Menschen nicht in den Urlaub fahren, sondern verhandeln wollen, interessieren uns vor allem folgende Punkte:

Welle eins:
„Lesen" Sie
den anderen!

- Seine wahren Ziele für die Verhandlung (was *sagt* er und was *meint* er?)
- Seine Taktik und Strategie (was führt er im Schilde?)
- Die Motivation, seine eigenen Ziele zu erreichen, bzw. die Grundbedürfnisse, die mit der Zielerreichung befriedigt werden sollen (stark geprägt durch den Charakter bzw. die Persönlichkeit des Verhandlungspartners)

Beantworten Sie sich diese Fragen sorgfältig – sie helfen Ihnen, Ihren Verhandlungspartner zu „erkennen". Diese Infos sind Ihre Basis, Wellenlänge aufzubauen (Welle zwei) und sich sozusagen auf ihn einzuschwingen. Dieser „eingeschwungene" Zustand, in der Psychologie nennt man das einen Rapport herstellen, macht es Ihnen leichter, den anderen für sich zu gewinnen – und nun gestaltend auf die Beziehung einzuwirken. Wie geht das? Sie müssen Ihr Handeln, Ihr Auftreten, Ihre verbale und nonverbale Kommunikation so ausrichten (Welle drei), dass der andere die gewünschte Reaktion zeigt (Welle vier). Stellen Sie sich einfach vor, Sie würden mit dem Gegenüber eine Basis von Verständnis, Sympathie, Respekt und Wertschätzung teilen. Dann wäre es selbstverständlich, dass Sie auf die Bedürfnisse des anderen eingingen. Und ja, in vielen Verhandlungssituationen ist diese Basis tatsächlich gegeben. Von diesen Verhandlungen können Sie profitieren für solche, bei denen diese Basis nicht vorhanden ist. Sie wissen, wie Wellenlänge funktioniert, und können sie auch in schwierigen Situationen nutzen, um einen sperrigen Gesprächspartner, den Sie nicht sonderlich schätzen, etwas gesprächsoffener zu bekommen. Wir geben zu: Das ist reine Verhandlungstaktik. Aber was solls? Sie wollen schließlich Ihr Ziel erreichen und wir fordern Sie ja nicht auf, den anderen vom Weg zu schubsen, sondern eine Basis für den Verhandlungserfolg herzustellen. Da haben schließlich beide Parteien etwas davon.

Die Wellenlängenroute kann sehr gut mit den anderen Routen kombiniert werden. Mit Wellenlänge erreicht man zum Beispiel, dass der andere den Argumenten besser zuhört und sie ernster nimmt. Auch wird er vielleicht eine überlegene Machtposition nicht so ausspielen, denn schließlich gehört es sich nicht, jemanden, den man mag, zu etwas zu zwingen. Mit

Welle zwei: „Schwingen" Sie sich auf ihn ein!

Der „eingeschwungene" Zustand macht es leichter, den anderen für sich zu gewinnen – und gestaltend auf die Beziehung einzuwirken.

Welle drei und vier: Ihr Handeln erzeugt die gewünschte Reaktion!

Wellenlänge können Sie aber auch die eigene mächtige Position so nett vermitteln, dass der andere gar nicht merkt, wie er in Wahrheit (sanft) gezwungen wird. So bieten Sie ihm die Möglichkeit – zumindest gefühlt – sein Gesicht zu wahren.

Beziehungsebene drohend einsetzen: gezielte Verunsicherung

Es gibt noch eine zweite Möglichkeit, die Beziehungsebene zu nutzen. Hier geht es nicht darum, den anderen über den Aufbau von Wellenlänge zu bestimmten Verhaltensweisen und Reaktionen zu bringen, sondern durch gezielte Verunsicherung, vielleicht sogar durch das Erzeugen von Furcht (beispielsweise Furcht vor dem Scheitern).

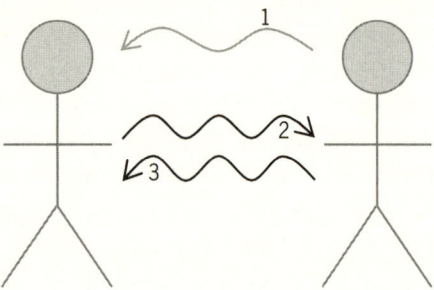

Abb. 17:
Den Verhand-
lungspartner
verunsichern

Diese Variante der Gestaltung einer Beziehungsebene wird beispielsweise genutzt, um Einfluss auf die „gefühlte" Machtposition des anderen zu nehmen – sie im Klartext zu schmälern. Die faktische Machtposition bleibt natürlich dieselbe, aber Sie können das Gefühl des anderen dafür manipulieren, sodass er sich am Ende zweifelnd fragt: Ist meine Position wirklich so sicher, wie ich dachte? Kann es mir wirklich so gleichgültig sein, wenn die Verhandlung scheitert? Wenn der andere durch Ihre Verunsicherung das Gefühl für seine eigene Position verloren hat, haben Sie gewonnen!

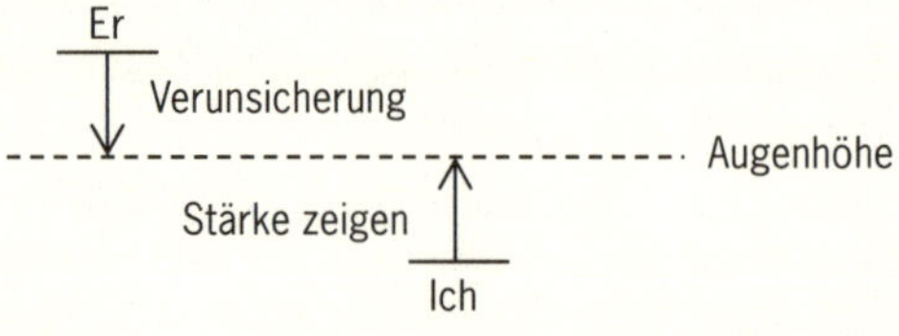

Abb. 18:
„Augenhöhe" zum
Verhandlungs-
partner herstellen

Ihr extrem sicheres Auftreten oder auch Ihre Bluffs lassen den anderen zweifeln, ob er sich wirklich so sicher sein kann, wie er dachte. Denn natürlich haben Sie als Einkäufer gute Alternativen und natürlich sind Sie auf ihn nicht angewiesen (auch wenn es sich wahrscheinlich de facto so verhält). In dem Moment, in dem die Gewissheit des anderen erschüttert wird, sich alles erlauben zu können, haben Sie alles richtig gemacht. Sie holen ihn sozusagen auf Augenhöhe herunter, damit jetzt eine Verhandlung unter gleichmächtigen oder gleichberechtigten Partnern beginnen kann.

Beziehungen wollen vorbereitet sein, auch im Negativen. Sie müssen den anderen erst verstehen, sozusagen lesen, bevor Sie gezielt auf ihn einwirken können. Nicht jedem Verhandlungspartner können Sie auf die gleiche Art und Weise Angst machen, genauso wie Sie bei jedem Menschen auf eine andere Weise Wellenlänge aufbauen.

Wie liest man nun aber Menschen? Wie kommt man hinter ihre Beweggründe, ihre Motive und Geheimnisse. Warum verhält sich jemand so, wie er sich verhält?

7.2 Menschen beobachten, „lesen" und verstehen

Häufig werden wir in Seminaren gefragt, ob man denn wohl lernen könne, eine Antenne für Menschen zu entwickeln oder ob einem das in die Wiege gelegt und sozusagen angeboren ist.

Fragen wir also: Kann man Empathie lernen?

Empathie ist, wie bei so vielen Fähigkeiten des Menschen, eine Mischung aus Talent, also angeborener Fähigkeit, und Handwerk, also erlernbarer Fähigkeiten. Natürlich kennen wir alle Leute, die eine unerklärliche Antenne für Menschen haben. Aber das muss uns, die wir diese natürliche Begabung nicht besitzen, nicht davon abhalten, ebenfalls Antennen zu entwickeln. Wir müssen es eben nur lernen und üben. Und weil noch kein Meister vom Himmel gefallen ist, geht das nicht über Nacht.

Entwickeln Sie Antennen, denn Empathie kann man lernen.

Fangen Sie an, Menschen zu beobachten! Kann man sehen, ob jemand nervös oder selbstsicher ist, kann man erkennen, ob einer die Wahrheit sagt oder nicht, kann man sehen, ob sich jemand wohl in seiner Haut fühlt oder nicht? Jeder wird jetzt sagen: Na klar, das sieht man doch an der Körpersprache! Sehen Sie, die Fähigkeit, einem Menschen etwas anzusehen, haben wir alle (mehr oder weniger gut ausgeprägt). Wir müssen sie eben nur verfeinern. Machen Sie sich zum Beispiel klar, an welchen körpersprachlichen Merkmalen Sie bestimmte Dinge wie zum Beispiel Unsicherheit erkennen. Und genau darauf achten Sie dann einmal eine Zeit lang besonders und sensibilisieren sich.

	Wirkt unsicher/ zweifelnd	Wirkt entschlossen/ selbstbewusst
Stimme	nervös, zitternd, hastig	angenehm, fest, dynamisch
Lautstärke	lauter oder leiser als normal	angemessen, gleichbleibend
Sprechge- schwindigkeit	unübliche Pausen, zu schnell	angemessen, gleichbleibend, Pausen als rhetorisches Mittel
Sprache	Füllwörter, verbale Weichspüler, umständlich	klar, verständlich, abwechslungsreich
Argumen- tation	ausweichend, entschuldigend, nutzt Phrasen	kurz, präzise, spezifisch
Blickkontakt	ausweichend, unterbrochen	beständig, klar, offen
Körper- sprache	nervöse Gesten, schwitzen, Unruhe, verkrampft	locker, normal, dynamisch
Körperhaltung	hängende Schultern, gesenkter Kopf, verschlossen	aufrecht, erhobener Kopf, offen

Tab. 4:
Menschen lesen –
Signale erkennen

Machen Sie sich mit der Körpersprache der Menschen vertraut – gerne auch über entsprechende Fachlektüre.

Eine weitere Möglichkeit, einen Menschen zu lesen, ist, ihm genau zuzuhören. Was bedeutet es denn, wenn jemand sagt:

„Nun kann ich Ihnen eigentlich nicht weiter entgegenkommen!"

Es bedeutet, dass er Ihnen „eigentlich" nicht weiter entgegenkommen kann. Und „eigentlich" heißt: Er will nicht und es ist unbequem, wahrscheinlich hat er keine Lust dazu oder sein Chef findet es nicht gut. Wenn er Ihnen wirklich nicht mehr weiter entgegenkommen könnte, dann würde er es genau so formulieren: „Ich kann Ihnen nicht mehr weiter entgegenkommen." Aber – er verwendet das Wort „eigentlich" und schränkt seine Aussage so, wahrscheinlich unbewusst, ein. Hier geht also noch was.

Oder Ihr Gegenüber sagt an einer ganz bestimmten Stelle in der Verhandlung: „Ab hier kann ich Ihnen jetzt leider nicht weiter entgegenkommen, denn nun fängt es an, sehr schwierig zu werden!" Ist doch super! Denn das heißt nichts anderes, als dass es sehr schwierig, aber eben nicht unmöglich ist. Warum hat Ihr Gegenüber nur gesagt, dass es schwierig wird? Wenn es unmöglich wäre, hätte er das Wort auch gebraucht. Auch hier geht also noch was.

Unsere Gesprächspartner sagen oft mehr, als sie beabsichtigen. Natürlich kann man aus einem Füllwort wie „eigentlich" keine Wissenschaft machen. Aber wertvolle Informationen liefert das genaue Hinhören allemal. Und genau dazu fordern wir Sie auf. Wie oft sind wir nach ein, zwei Sätzen des Gegenübers schon wieder in Gedanken bei der Formulierung unserer Antwort, schreiben Protokoll, denken an irgendwelche anderen Dinge, die in der Verhandlung eine Rolle spielen oder auch nicht. Wir verpassen mit dieser nur halben Aufmerksamkeit die wertvolle Chance, ein Wort zu hören, das uns auf unserem Weg weiterhilft. Tipp: Wenn Sie mit und als Teams verhandeln, übertragen Sie die Rolle des „aktiven Zuhörers" zum Beispiel dem Beobachter.

Genaues Hinhören liefert wertvolle Informationen.

Verdeckte Botschaften erkennt man häufig an einer Veränderung von einer absoluten und bestimmten zu einer schwammigeren und unspezifischen Ausdrucksweise. Diese Signale werden häufig unbewusst gesendet und spiegeln das eigentliche Denken des Gegenübers wieder.

Verdeckte Botschaften

117

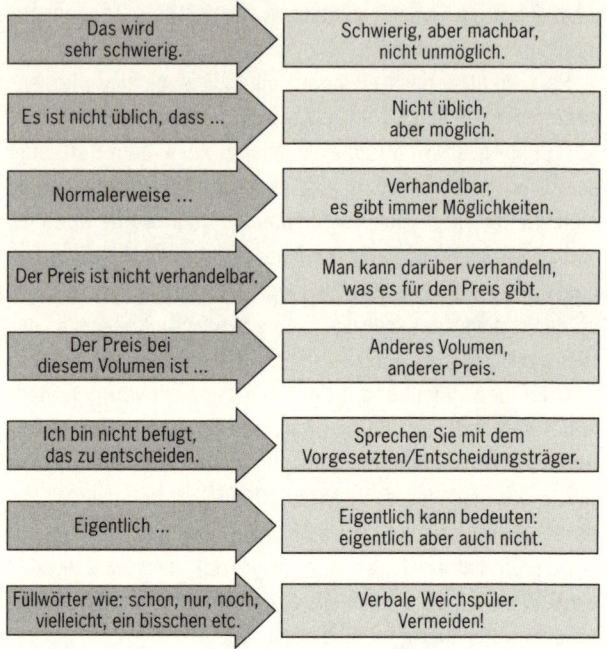

Das wird sehr schwierig.	→	Schwierig, aber machbar, nicht unmöglich.
Es ist nicht üblich, dass …	→	Nicht üblich, aber möglich.
Normalerweise …	→	Verhandelbar, es gibt immer Möglichkeiten.
Der Preis ist nicht verhandelbar.	→	Man kann darüber verhandeln, was es für den Preis gibt.
Der Preis bei diesem Volumen ist …	→	Anderes Volumen, anderer Preis.
Ich bin nicht befugt, das zu entscheiden.	→	Sprechen Sie mit dem Vorgesetzten/Entscheidungsträger.
Eigentlich …	→	Eigentlich kann bedeuten: eigentlich aber auch nicht.
Füllwörter wie: schon, nur, noch, vielleicht, ein bisschen etc.	→	Verbale Weichspüler. Vermeiden!

Abb. 19: Beispiele für verdeckte Botschaften

Besonderes Augenmerk ist bei den sogenannten verbalen Weichspülern gefordert: Durch Füllsel wie „normalerweise, fast, vielleicht, eventuell, möglicherweise, schwierig" oder den Gebrauch von Konjunktiven wie „müsste, könnte, würde, dürfte, sollte" zeigt sich oft eine fehlende Identifikation mit Ziel, Produkt oder Unternehmen. Ihre Chance, einzugrätschen! (Und diese Wörter umgekehrt komplett aus Ihrem Verhandlungswortschatz zu streichen!) Wir empfehlen Ihnen auch, auf die Körpersprache des anderen zu achten. Wie sagt er was? Stimmen Körpersprache und Botschaft überein?

Und wie geht das nun, das richtige Zuhören? Ein paar Tipps:

▸ Halten Sie Blickkontakt!
▸ Versuchen Sie, die gesamte Botschaft zu erfassen (Sach- und Beziehungsebene)!
▸ Stellen Sie Verständnisfragen bzw. lassen Sie präzisieren, wenn Ihnen etwas nicht stimmig vorkommt!

▸ Versuchen Sie, den anderen Standpunkt zu verstehen! Denken Sie sich hinein!

▸ Fragen Sie sich selbst: Was würde ich tun, wie würde ich reagieren?

▸ Lassen Sie nicht zu, dass Ihre Gedanken abschweifen! Konzentrieren Sie sich!

Gut, werden Sie einwenden, aber was mache ich, wenn mir ein Verhandler gegenübersitzt, der nicht wirklich von alleine redet? Der nur das Nötigste sagt? Dann empfehlen wir Ihnen die Methode des aktiven Zuhörens. Aktives Zuhören ist eine erprobte Gesprächstaktik, um das Gegenüber zum Reden zu bringen und ihm Informationen zu entlocken. Mit aktivem Zuhören, also gezielten Rückfragen, steuern Sie das Gespräch indirekt in Ihre Richtung.

Beim aktiven Zuhören geht es darum, Interesse und Verständnis zu signalisieren und den Aussagen des Gegenübers so Gewicht zu verleihen, ihn aufzuwerten. Ergebnis: eine positive Gesprächsatmosphäre – eine Wellenlänge.

Wie signalisieren Sie Interesse und Verstehen?

▸ Aufmerksames, „richtiges" Zuhören

▸ Augenkontakt

▸ Kopfnicken

▸ Zugewandte und offene oder spiegelnde Körperhaltung

▸ Zustimmungslaute („MM-hm …")

▸ Offene Fragen („… und was passiert dann?")

▸ Verständnisvolle Kommentare („Das kann ich gut verstehen.")

▸ Umschreiben des Gehörten, um eigenes Verstehen zu prüfen um dem anderen Verständnis zu signalisieren („Verstehe ich Sie richtig, dass …? Meinen Sie damit …?")

▸ Eigene Reaktion auf das Gehörte in der Ich-Form formulieren („Ich höre da heraus, dass Sie sagen …"); die Du-Form wird häufig als Kritik, Angriff oder Wertung gesehen.

Im Gegensatz dazu sollten Sie folgende Verhaltensweisen vermeiden, es sei denn, Sie möchten, dass Ihr Gegenüber in der Verhandlung verstummt:

- ▶ Themenwechsel ohne Erklärung (Das passiert oft unge-wollt, wenn die Gedanken bereits abschweifen, während der andere redet: Also bleiben Sie konzentriert!)
- ▶ Abgewandter Blick
- ▶ Kopfschütteln
- ▶ Zurücklehnen
- ▶ Arme verschränken
- ▶ Sofortige Einwände („Ja, aber…")
- ▶ Abfällige Äußerungen („Ach was…")
- ▶ Meinungen, Wertungen oder Kritik in der Du-Form formu-lieren
- ▶ Verneinen der Gefühle/Meinung des anderen („Das mei-nen Sie doch nicht ernst.")
- ▶ Verhaltensinterpretation anstellen („Sie tun das doch nur, weil…")
- ▶ Überredende/altkluge Ratschläge („Sie sollten lieber…")
- ▶ Vorwürfe („Wie können Sie nur…")

7.3 Menschen verstehen: Persönlichkeitstyp, Motivation und Antrieb

Um Menschen und deren Handeln zu verstehen und Sie dann für sich zu gewinnen, hilft es, sich mit den verschiedenen Persönlichkeitstypen zu beschäftigen. Mit ihrer Motivation und ihrem Antrieb, mit dem sie in eine Verhandlung gehen. Machen Sie sich also vor der Verhandlung klar, mit was für einem Typ Mensch Sie es zu tun haben. Versuchen Sie zu er-kennen, welches die Triebfedern sind, die das Handeln Ihres Gesprächspartners bestimmen, und stellen Sie sich darauf ein. Wenn es über Sachargumente nicht mehr weitergeht, können Sie dann auf die psychologisch wichtige Beziehungs-ebene wechseln. Dazu „holen Sie Ihren Verhandlungspartner ab", indem Sie versuchen, gezielt auf seine Bedürfnisse ein-zugehen und diese zu befriedigen (z.B. Ängste nehmen).

Wechseln Sie auf die Beziehungs-ebene, wenn es über Sach-argumente nicht weitergeht.

Was gibt es für persönliche Motivationen in Verhand-lungen? Unserer Erfahrung nach sind es die folgenden:

Soziale Anerkennung	Man will hören: ▪ „Gut gemacht!" ▪ Lob/Anerkennung vor Kollegen und Chef ▪ Wichtigkeit der Person herausstellen	**soziale Anerkennung** **Erfolgsdruck** **Sicherheit** **Vertrauen** **Selbstachtung**
Erfolgsdruck	▪ Ergebnisse vorzeigen können ▪ Eigene Erwartungen erfüllen ▪ Erwartungen von Unternehmen, Vorgesetztem, Kollegen	
Sicherheit	▪ Keine Fehler machen, nicht blamieren ▪ Sicherung des Arbeitsplatzes ▪ Sicherheit des Unternehmens	
Vertrauen	▪ Vertrauensvolle und harmonische Atmosphäre ▪ Keine Feindseligkeit ▪ Vertrauen, sich verlassen können	
Selbstachtung	▪ Gesicht wahren ▪ Stolz aufs Ergebnis sein, gewonnen haben ▪ Nicht verloren haben	

Abb. 20:
Menschliche
Triebfedern

Soziale Anerkennung:

Jeder Mensch sucht nach sozialer Anerkennung. Man möchte, dass die anderen gut von einem denken, egal ob es der Chef oder der Kollege ist. Bei dieser Art Motivation spielt sicherlich auch Eitelkeit eine nicht zu unterschätzende Rolle.

Geben Sie Ihrem Gegenüber das Gefühl, wichtig zu sein und etwas Besonderes zu sein. Loben Sie ihn, vielleicht sogar in einer E-Mail, die er seinem Chef zeigen kann. Geben Sie ihm die soziale Anerkennung, die er braucht, um sich gut zu fühlen, und er wird Sie dafür lieben.

Erfolgsdruck

Der Druck, Erfolge und Ergebnisse zu liefern, kann zur Höchstleistung anspornen. Sie wollen Ziele erreichen, die Ihnen Ihr Vorgesetzter vorgegeben hat oder die Sie sich selbst gesteckt haben.

Verkäufer stehen unter Druck. Sie müssen in der Regel Umsatz, Deckungsbeiträge und Volumen/Menge bringen. Opfern

121

Sie deshalb gezielt die Verhandlungsmasse, die Sie genau für diesen Zweck eingeplant haben. Der Verkäufer ist damit sehr zufrieden und kann stolz sein erzieltes Verhandlungsergebnis in seinem Unternehmen präsentieren.

Einkäufer stehen ebenfalls unter Druck. Ihre Leistung wird meist an Einsparungen gemessen. Je nach Verhandlungsgegenstand gibt es sehr unterschiedliche Ansätze, besonders wenn kundenspezifische Projekte (Anlagenbau, Sondermaschinen) oder Dienstleistungen verhandelt werden. Aber auch bei Commodities gibt es unter Umständen unterschiedliche Methoden (besser als Spotmarkt, Preisindex schlagen etc.). Versuchen Sie herauszufinden, woran Ihr Kunde seinen Verhandlungserfolg misst, und reagieren Sie entsprechend darauf.

Sicherheit

Für jüngere Verkäufer und Einkäufer gilt gleichermaßen, dass der Verhandlungserfolg im Sinne von Topergebnissen häufig erst an zweiter Stelle steht. Sie setzen eher auf Sicherheit, wollen keine Fehler machen und einigermaßen gute Ergebnisse erzielen und sich vor allem nicht blamieren. Vielleicht sitzen sogar erfahrene Kollegen aus der Fachabteilung dabei, deren bloße Anwesenheit dem Anfänger schon die Knie schlottern lassen. Häufig gehen sie deswegen kein hohes Risiko ein (könnte ja schiefgehen), werden Unkonventionelles (haben wir noch nie so gemacht) tunlichst vermeiden und lehnen sich nicht auf (das ist der Einzige, den wir haben).

Leichtes Spiel für Sie! Diesen jungen und noch unerfahrenen Verhandlungspartnern müssen Sie lediglich das Gefühl geben, alles richtig gemacht und das Beste rausgeholt zu haben. Signalisieren Sie ihnen, dass sie kompetent und professionell wirken. Ihre Verhandlungspartner werden dafür dankbar sein und mit dem Gefühl herausgehen, genau das erreicht zu haben, was sie wollten.

Vertrauen/Harmonie

Jeder Mensch strebt nach Harmonie und fühlt sich in einer vertrauensvollen Umgebung wohl. Was im zwischenmenschlichen Miteinander durchaus wünschenswert ist, ist beim Verhandeln nicht unbedingt von Vorteil. Verhandlungspartner, bei denen diese Motivation stark ausgeprägt ist, scheuen die Konfrontation und kommen mit Feindseligkeit und menschlicher Kälte am Verhandlungstisch nicht klar.

Vermitteln Sie diesen Verhandlungspartnern Wärme, Harmonie und Verständnis. Schon haben Sie Wellenlänge aufgebaut. Zeigen Sie Ihrem Gegenüber, dass Sie jemand sind, den man gerne um sich hat, mit dem es keinen Stress gibt und den man immer wieder gerne einlädt.

Selbstachtung

Die stärkste Motivation ist sicher die Selbstachtung. Diese Verhandlungspartner wollen nach der Verhandlung in den Spiegel schauen und sagen können: „Du bist der Beste!" Ob dieser Typ Einkäufer oder Verkäufer Ergebnisse bringt oder sich blamiert und was die Kollegen über ihn denken, ist für ihn nicht ausschlaggebend. Sein Credo lautet: „Ich will gewinnen!" Das Wort „verlieren" ist ein Fremdwort und das Gegenteil, die „Selbstverachtung", kommt für ihn nicht infrage. Für ihn spielen Begriffe wie Ehre und Würde eine große Rolle und er will um jeden Preis sein Gesicht wahren.

Nach unseren Beobachtungen ist die Selbstachtung die stärkste Motivation und der kraftvollste Antrieb in Verhandlungen. Hier wird um jeden einzelnen Punkt gekämpft, als ginge es ums Leben. Diese Menschen hassen es regelrecht, zu verlieren.

Geben Sie diesen Menschen das Gefühl, dass sie gewonnen haben oder dass die Lösung der Verhandlung allein ihr Verdienst ist. Dann können Sie auch mit diesen Verhandlungspartnern die Ergebnisse erzielen, die Sie sich gesteckt haben.

Manchmal muss es trotzdem auf eine Konfrontation heraus-laufen. In diesem Fall vermitteln Sie ihnen, dass Sie aus dem-selben Holz geschnitzt sind. Kalkulieren Sie kurz, welche Auswirkungen es haben kann, wenn Sie Ihrem Gegenüber signalisieren, dass Sie ebenfalls diesen sehr starken inneren Antrieb der Selbstachtung haben.

Bereiten Sie sich vor:
Mit welchem Typ Verhandlungspartner habe ich zu tun
- Machen Sie sich über Ihren Verhandlungspartner und sein Umfeld in der Firma kundig!
- Reden Sie mit den eigenen Fachabteilungen oder anderen, die Ihnen über die Person oder die Unternehmenskultur Auskunft geben können!
- Machen Sie sich klar, mit wem Sie es zu tun bekommen!
- Planen Sie die Beziehungsebene!

Wichtige Fragen:
- Welche Entscheidungskompetenz hat Ihr Gegenüber?
- An welchen Zielen wird Ihr Verhandlungspartner gemessen?
- Unter welchem Druck steht er (wirtschaftliche Situation)?
- Was treibt ihn an, mit Ihnen um ein gutes Ergebnis zu kämpfen?
- Welches ist das wichtigste Ziel für ihn und warum?
- Welche interne Stellung und welches Verhältnis zu seinem Chef hat er?
- Was für ein Typ Mensch ist Ihr Gegenüber?
- Wie gehen Sie mit Ihrem Gegenüber um, um Wellenlänge und Vertrauen zu erzeugen?

7.4 Eigene Ausstrahlung zielgerichtet einsetzen

Unser Auftreten ruft immer eine bestimmte Wirkung hervor, die das Verhalten des Gegenübers beeinflusst oder sogar bestimmt.

Stellen Sie sich vor, Sie beobachten Ihren Verhandlungs-partner beim Betreten des Raums und denken spontan: „Was für eine leichte Beute." Er vermittelt den Eindruck eines Langweilers ohne jegliche Körperspannung, und Sie sind sich sicher, ihn relativ schnell in die Ecke drängen zu können. Denn der „Langweiler" wird Ihnen ohnehin nicht gewachsen sein. Aber: Vorsicht! Manchmal täuscht der erste Eindruck und Ihr blasses Gegenüber mutiert plötzlich zum aggressiven Kettenhund mit äußerst scharfen Zähnen.

Vorsicht: Aus dem vermeintlichen Langweiler wird zuweilen ein bissiger Kettenhund.

Gehen Sie hingegen innerlich schon in Gefechtsstellung, da Ihr Gegenüber „gefährlich und bissig" wirkt, wird Ihre Reaktion entsprechend ausfallen.

Das eigene Auftreten erzeugt immer eine Wirkung: Man kann nicht nicht auftreten! Die Punkte rechts neben der folgenden Grafik beschreiben die einzelnen Merkmale des eigenen Auftretens:

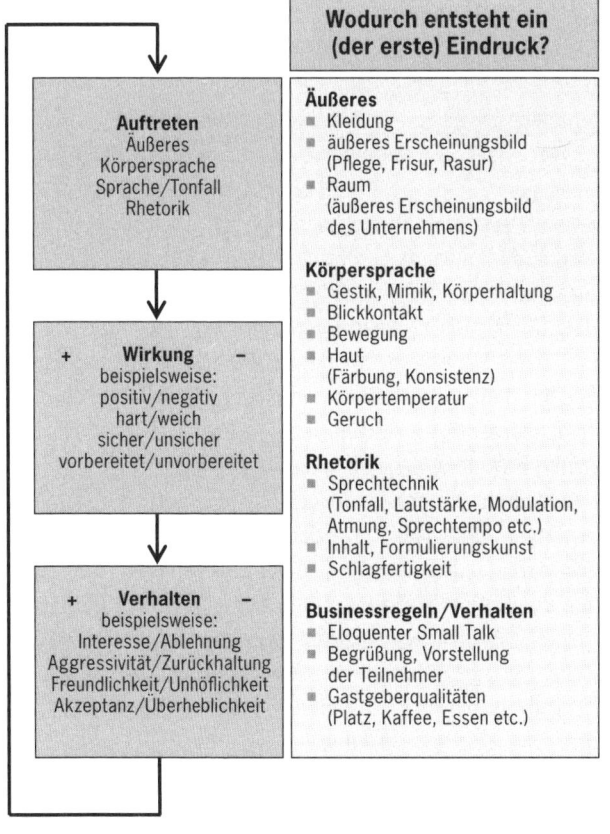

Abb. 21: Merkmale des Auftretens

Denken Sie auch noch daran, dass sich der berühmte erste Eindruck bereits nach ein paar Sekunden bildet. Also ist die Frage: Wie wollen Sie auftreten, um welche Wirkung zu erzielen.

Sie kommunizieren über Ihr Auftreten:
► ... die Einstellung zu sich selbst!
► ... die Einstellung zum anderen!
► ... die Einstellung zur Sache!

Was wollen Sie kommunizieren bzw. welche Wirkung wollen Sie erzielen?
Die Basis heißt immer: „Ich bin selbstbewusst, entschlossen und souverän und ich weiß, was ich will." Darüber hinaus könnten Sie noch kommunizieren: „Ich mag Sie, ich schätze Sie!" oder „Wenn Sie Streit suchen, können Sie den gerne mit mir haben!" oder „Ich bin nicht bereit, mit Ihnen zu teilen!" Überlegen Sie also genau, wie Sie auftreten und wirken wollen, denn Sie rufen ein Verhalten hervor.

Hier stellt sich wieder die Frage, ob man Ausstrahlung oder gar Charisma lernen kann. Genau wie beim Thema Empathie ist die Antwort auch hier: Ja! Wir sind beide Ingenieure. Mit diesem technisch-naturwissenschaftlichen Hintergrund ist es für uns schlicht unvorstellbar anzunehmen, dass Menschen in einen Raum kommen und irgendwelche ominösen Schwingungen oder Strahlen aussenden, die mich beeinflussen und gegen die ich mich nicht wehren kann. Wir sind überzeugt, dass man lernen kann, wie man eine bestimmte Wirkung erzielen kann!

Wodurch kommt die Unterschiedlichkeit der Wirkung zustande? Das hängt von der Körperhaltung ab, von der Stimme, vom Händedruck und vom Blickkontakt. Aber auch von der Art und Weise, wie man sich vorstellt und Smalltalk macht, wie man Visitenkarten tauscht und dem Gast einen Platz und Getränke anbietet. Dadurch kann man auf die Persönlichkeit, die Erfahrung und die Professionalität eines Verhandlungspartners schließen.

Hier müssen die Einkäufer aufpassen, denn der Verkäufer ist häufig draußen beim Kunden und hat daher einen wesentlich besseren Blick für die Professionalität eines Geschäftspartners als der Einkäufer, der im schlechtesten Fall nur alle paar Wochen eine Verhandlung führt.

Körpersignale/nonverbale Signale

Körpersignal	Bedeutung
Verschränkte Arme	Rückzug, Bedrohung, Lauern
Am Kopf kratzen	Unsicher, verlegen
Unsteter Blick	Ratlosigkeit, Unsicherheit, Verlegenheit
Zupfen an der Kleidung	Unsicher, unzufrieden mit sich selber
Leicht geöffneter Mund	Bereitschaft zum Reden
Leere, geöffnete Hand	Bereitschaft zum Handeln
Hände ballen	Entschlossen, zornig erregt
Hand an der Nase, Hände am Stoff reiben	Erstaunt, überrascht, Lüge, Unsicherheit
Hand vor dem Mund	Nicht einverstanden
Brille hochschieben oder Nasenrücken kneifen	Konzentriertes Nachdenken, Besorgnis
Hand an Wange und zurücklehnen	Desinteresse, nicht einverstanden, skeptisch
Spielen mit Fingern, Ring, Gegenstand	Nervosität, Ungeduld

Tab. 5:
Beispiele für
nonverbale Signale

Hüten wir uns an dieser Stelle vor dem „Kaffeesatzlesen", denn verschränkte Arme bedeuten nicht zwangsläufig Ablehnung. Es kann genauso bedeuten, dass jemand friert oder er diese Körperhaltung als bequem empfindet. Denken Sie nur an die berühmte Raute, die Bundeskanzlerin Angela Merkel mit ihren Händen formt, und die vielen widersprüchlichen Deutungen.

Einige wichtige Merkmale des Auftretens:

Körpersprache

	Wirkung
Neutrale Mimik	**Pokerface:** dem Gegenüber keine Möglichkeit geben, die eigene Haltung/Absicht zu erkennen.
Skeptische Mimik	**Skepsis/Unverständnis/Ablehnung signalisieren:** 1. Gezielter Einsatz: das Gegenüber verunsichern, zu unvorsichtigen Fragen und Handlungen veranlassen. 2. Unbewusster Einsatz: das Gegenüber zum Schweigen oder Nachfragen anregen.
Wohlwollende Mimik	**Dem Gegenüber Zustimmung signalisieren:** 1. Den Gegner in Sicherheit wiegen, unvorsichtig oder schwatzhaft werden lassen. Wer viel redet, gibt häufig viele Informationen preis, bietet viel Angriffsfläche. 2. Gesprächsatmosphäre positiv beeinflussen.
Cholerische Mimik	**Vermeiden:** Denn wer sich aufregt, hat die Beherrschung verloren, das signalisiert Aufregung, Wut, Ungeduld etc. **Auch möglich:** einschüchtern, unter Druck setzen, zu unbedachten Äußerungen und Handlungen veranlassen.
Hochnäsige Mimik	**Vermeiden:** Haben Sie das nötig? Zeigt eigene Schwäche! **Auch möglich:** beleidigen, entwürdigen, kleinmachen. Wird Gegner wütend, ist er unvorsichtig. Wer schreit, hat unrecht!

Abb. 22:
Die Wirkung
von Mimik

Äußeres Erscheinungsbild

Business-Knigge: Kleidung	
Outfit für Damen	**Outfit für Herren**
■ Etuikleid plus Jacke, Kostüm, Hosenanzug, Rock/Hose mit Blazer. ■ Rock-/Hosenlänge richten sich nach jeweiliger Mode und Figur. ■ Bluse oder dezentes T-Shirt plus Accessoires. ■ Tagsüber mit Schmuck und Make-up sparsam umgehen. Nicht mehr als fünf Schmuckstücke, wobei Ohrringe nur einmal zählen.	■ Meistens: Anzug/Kombi mit Oberhemd und Krawatte. ■ Klassische Farben: grau, dunkelblau, schwarz. Mittlerweile akzeptiert: braun, oliv ... ■ Kurzarmhemden unter Jackett mittlerweile akzeptiert, aber als stillos empfunden. ■ Krawatte passend zu Hemd und Jackett, endet an Gürtelschnalle, Knopf unter dem Knoten bleibt geschlossen.

- Keine nackten Beine, auch im Sommer oder in heißen Ländern Strümpfe tragen, Schuhe vorne geschlossen.
- Moslemische Länder: Arme und Knie bedecken.
- Utensilien in Akten- oder große Handtasche (nicht beides, wirkt unorganisiert), bei Veranstaltungen nach Geschäftsschluss kleine Handtasche.
- Vermeiden, hat im Büro nichts verloren: verwaschene T-Shirts, Sweatshirts, durchsichtige Blusen, Spaghettiträger, Superminiröcke, tiefe Dekolletés, hochgeschlitzte Röcke, gemusterte Strümpfe, auffallende Schuhe.

- Schmuck: Uhr, Ring (Ehering), evtl. Manschettenknöpfe; Krawattennadeln zurzeit nicht angesagt.
- Brieftasche, Geldbörse, Handy, Organizer, Schlüssel nicht in Hosen- oder Jackentasche, sondern in Aktenkoffer/ -tasche.
- Socken: nicht weiß oder auffällig gemustert.
- Keine nackte Haut bei übereinandergeschlagenen Beinen.
- Frisur: je breiter der Scheitel, desto kürzer die Haare. Keine Haare in Nase/Ohren.

Tab. 6:
Business-Knigge:
Kleidung

Businessregeln

Business-Knigge: Dos and Don'ts	
Vorstellen	**Begrüßen**
■ Förmlicher als bekannt machen, fast nur noch im Geschäftsleben anzutreffen. ■ Veraltet: „Darf ich vorstellen?", besser: „Ich möchte Sie mit Frau/Herrn ... bekannt machen." sowie einige erklärende Worte zur Person, z.B. „Herr/Frau ... ist bei uns verantwortlich für ..." Titel werden genannt. ■ Nicht mehr „Angenehm" oder „Sehr erfreut" (außer im Englischen: „... nice to meet you ..."), sondern eher „Guten Tag/Abend", dann Selbstvorstellung oder Small Talk. ■ Selbstvorstellung: Vor- plus Nachname nennen, z.B. „Mein Name ist Jörg Pfützenreuter" oder einfach „Jörg Pfützenreuter". Titel weglassen, danach können Visitenkarten überreicht werden. ■ Reihenfolge: Vorgestellt werden der Herr der Dame, Jüngere dem Älteren, Ankommende den Anwesenden, Einzelne der Gruppe.	■ Begrüßen = Hand reichen (im Unterschied zum Grüßen): signalisiert Gesprächsbereitschaft. Ausnahmen beachten, z.B. in fernöstlichen Kulturen: verbeugen, aufstehen (auch Frauen), nicht über Barrieren (Tische, Tresen etc.) hinweg. ■ Im Business: Begrüßung geht vom Ranghöheren aus, unabhängig von Alter und Geschlecht. ■ Distanzzone wahren! ■ Willkommensgruß: Gastgeber geben Hand zuerst. ■ Veranstaltungen: Gäste begrüßen Gastgeber, danach, wie es sich ergibt. ■ Grüßen: Herren grüßen Damen. Jüngere grüßen Ältere. Mitarbeiter grüßen Vorgesetzte. Unabhängig davon: wer ankommt oder Raum betritt, grüßt zuerst.

Tab. 7:
Business-Knigge:
Dos and Don'ts

Business-Knigge: Dos and Don'ts	
Fettnäpfchen	**Pünktlichkeit**
■ Das „Du": nicht wahllos, genau überlegen! Kann verbinden und Distanz abbauen. Kann ein Handicap bei harten Verhandlungen sein. ■ Alkohol: Trinkfreudige Länder: z. B. Russland oder andere osteuropäische Länder, Japan, Skandinavien ... Verboten in moslemischen Ländern. ■ Geschenke: Vorsichtig beim Annehmen! (Bestechlichkeit!) Richtig auswählen! (Uhren in China oder Vorsicht bei Lebensmittelspezialitäten in der Türkei etc.) ■ Gesicht/Fassung/Beherrschung verlieren.	■ Im Geschäftsleben gilt sie überall. ■ Signalisiert: Sorgfältigkeit, Verlässlichkeit, Korrektheit, Verantwortlichkeit, Entschlossenheit, Wichtigkeit. ■ Auch wenn in anderen Ländern sehr großzügig mit dem Begriff umgegangen wird, seien Sie immer pünktlich (Ihr Ruf als Deutscher steht auf dem Spiel).

Tab. 8:
Business-Knigge:
Dos and Don'ts

Besonders an diesen Punkten erkennt man, ob ein Gegenüber jeden Tag Verhandlungen führt oder nur ab und an.

Zusammenfassende Tipps:

Tipps zum souveränen Auftreten	
■ Wichtig: der erste Eindruck (Begrüßung, Small Talk etc.) ■ Richtige Vorbereitung auf Situation, wie z. B. Verhandlung: mentale Einstellung steuert Auftreten ■ Blickkontakt: Kernbotschaften, entscheidende Aussagen müssen immer mit begleitendem Blickkontakt übermittelt werden. ■ Richtiges Sprechtempo: nicht zu schnell (Fluchtreflex bei Unsicherheit), nicht zu langsam (uninteressant, einschläfernd, undynamisch). ■ Klare und strukturierte Informationen ■ Deutlich sprechen ■ Akzentuierung, Modulation, Betonung	■ Bilder anbieten („Kuh vom Eis holen", „Kind, das in den Brunnen gefallen ist", „den Sack zumachen") ■ Mimik, Gestik angemessen und authentisch einsetzen ■ Humor, Spaß richtig einsetzen ■ Gekonnt Gespräche und Gedankengänge über Fragen führen. ■ Schachtel- und Endlossätze vermeiden ■ Statt Girlandenbetonung Abspann auf den Punkt ■ Indirekte Rede, Zitate einsetzen (wirkt lebendiger) ■ Offene und zugewandte Haltung ■ Bei mehreren Zuhörern/ Verhandlungspartnern: alle einbeziehen

■ Flüssig reden („Äh")	■ Cool bleiben, Situation kontrol-	*Tab. 9:*
■ Sprachmacken vermeiden („Ich	lieren	*Tipps zum*
sach ma, sach ich ma …")	■ Business-Regeln beherrschen	*souveränen*
■ Distanzzone respektieren		*Auftreten*

7.5 Wellenlänge aufbauen / Menschen abholen

Wie man gute Beziehungen zu Menschen aufbaut, wird weder an der Schule noch in der Lehre oder an den Hochschulen und Universitäten gelehrt. Jeder muss erst mal auf das zurückgreifen, was er von sich aus mitbringt. An dieser Stelle wollen wir nicht zu tief in psychologische Phänomene oder Methoden wie neurolinguistisches Programmieren (NLP) etc. einsteigen. Aber mit gesundem Menschenverstand kann man schon eine ganze Menge erreichen. Ein schönes Beispiel zum Erzeugen von Wellenlänge haben wir mit dem aktiven Zuhören bereits erwähnt. Wir haben unseren Verhandlungspartner dadurch nicht nur kennengelernt und gelesen, sondern bereits angefangen uns auf ihn einzuschwingen und Wellenlänge aufzubauen bzw. vorzubereiten. Dafür muss man nicht Psychologie studiert haben, sondern das ist gesunder Menschenverstand, den jeder als Bordwerkzeug dabei haben kann.

Es fängt direkt mit dem ersten Eindruck an. Man hat nie eine zweite Chance für den ersten Eindruck: Die ersten Sekunden entscheiden!

Man hat nie eine zweite Chance für den ersten Eindruck: Die ersten Sekunden entscheiden!

Tipps:
▶ Professionelle Vorstellung und Begrüßung
 ▷ Laut und deutlich Namen nennen
 ▷ Entschlossene Stimme
 ▷ Fester Händedruck
 ▷ Aufrechte Körperhaltung
 ▷ Blickkontakt
▶ Eloquenter Small Talk
▶ Vorsicht vor unangenehmen Gerüchen (z.B. zu viel Parfum, Knoblauch, Schweiß etc.)

> Offenheit durch Körperhaltung, Mimik, Gestik signalisieren
>> Ich habe nichts zu verbergen
>> Ich weiß, was ich will, ich bin sicher und selbstbewusst
>> Ich habe keine Angst
>> Ich freue mich auf das Gespräch mit Ihnen

Der erste Eindruck sucht Bestätigung: auch der zweite Eindruck ist wichtig!

Der erste Eindruck sucht Bestätigung: Auch der zweite Eindruck ist wichtig!
> Einen hochwertigen Eindruck hinterlassen
> Gepflegtes Äußeres
> Sauberes Fahrzeug
> Fahrzeug und andere Statussymbole: hochwertig, aber nicht protzen!
> Gute, leichte Erreichbarkeit
> Ordentliche Verkaufsunterlagen
> Hochwertige Unternehmenspräsentation
> Ansprechende Verkaufsräume, Besprechungszimmer
> Aufgeräumtes, gut organisiertes, professionelles Unternehmen

---

Praxistipps für gute Beziehungen

- Sympathie beeinflusst jede Verhandlung – Entscheidungen haben immer auch emotionale Gründe
- Zu teuer: häufig Vorwand für schlechte Beziehungen
- Abwimmeln: ebenso häufiger Vorwand für wenig Sympathie und Respekt
  - Ich melde mich ...
  - Mal sehen, ich überlege es mir ...
  - Gerade kein aktueller Bedarf, ich behalte mal Ihre Karte ...
- Besonders wichtig, wenn Beziehung einziges Alleinstellungsmerkmal ist

- Mensch und Sache trennen: auch unsympathische Menschen für sich gewinnen
- Kunde/Mensch individuell ansprechen, echtes Interesse
- Eigenarten akzeptieren/tolerieren
- Nach Gemeinsamkeiten suchen
- Aufmerksam und aktiv zuhören
- Verständnis zeigen, offenen Widerspruch vermeiden, aber nicht schleimen
- Kundendaten pflegen, auch mit persönlichen Informationen

Tab. 10:
Praxistips für gute Beziehungen

Eine Wellenlänge zu haben heißt: Körperhaltung, Stimmlage und Wortwahl sind an den Gesprächspartner angepasst. Man kommuniziert, wie man es bei alten Freunden beobachten kann, die sich im Laufe der Jahre aneinander angeglichen haben.

Wer sich auf sein Gegenüber „einschwingt" und eine Wellenlänge aufbaut, passt sein eigenes Kommunikationsverhalten körpersprachlich oder verbal an das Verhalten des Gesprächspartners an, bewusst oder unbewusst. Sich auf die Gangart eines anderen Menschen einstellen bedeutet:

▸ mit einem anderen Menschen in Gleichschritt gelangen,
▸ Körperhaltung, Mimik, Gestik, Sprechweise und Stimmlage anpassen,
▸ sich auf den kommunikativen Rhythmus des Gesprächspartners einstellen.

Das geschieht unter anderem durch Angleichen

▸ der Stimme, des Sprechens, und der Sprachmuster,
▸ des Atemmusters,
▸ der Körperhaltung, Mimik und Gestik.

Dazu müssen Sie aber wiederum den anderen ganz genau beobachten (7.2), verstehen, wie er tickt (7.3), und sich verbal und nonverbal auf ihn einlassen (7.4). Dann können Sie sich auf ihn „einschwingen" und er hat im Idealfall das Gefühl, seinen besten Freund vor sich zu haben.

STRATEGIE – DER ÜBERGEORDNETE PLAN 8

SUMMARY

Das Gipfelkreuz ist zum Greifen nah! Ihnen stehen nun verschiedene Routen zur Auswahl. Die eine ist vielleicht kurz, direkt und kräftezehrend, eine andere länger und verschlungener, dafür aber auch raffinierter. Wägen Sie nun ab, welche Route Sie sicher und ohne Blessuren zum Gipfel führt. Sind Sie stark genug, die direkte zu nehmen oder gehen Sie einen Umweg, um gefährliche Stellen zu meiden? Im folgenden Kapitel erfahren Sie, wie Sie Ihre optimale Strategie entwerfen, die Sie erfolgreich zu Ihrem Verhandlungsziel führt. Mit dieser Strategie legen Sie fest, über welche Route Sie den Gipfel anstreben, und setzen die entscheidenden Wegmarken. Sie definieren nun auch, ob Sie sich nur auf Ihre Karabiner und Sicherungsgeräte verlassen und den Ruhm für sich alleine einstreichen wollen oder ob Sie auf ein Team und gegenseitige Sicherung vertrauen. Und wie immer berechnen Sie auch den Zeitpunkt mit ein, an dem Sie besser ganz abbrechen.

8.1 Strategie und Taktik

Die Begriffe Strategie und Taktik entstammen der Terminologie des Militärs. Der Begriff Strategie leitet sich vom griechischen Wort Strategos ab und bedeutet ursprünglich Heerführer. Der Heerführer hat das Ziel, einen Krieg zu gewinnen, und entwirft den großen Plan. Die Umsetzung dieses Plans überlässt er seinen Generälen, die die Taktik festlegen, mit der die Strategie umgesetzt wird: einzelne Schlachten, die Aufstellung des Heeres, die Reihenfolge, in der die Truppen in die Schlacht geschickt werden, der Angriffszeitpunkt etc.

Die Taktik ist die handwerkliche Umsetzung der übergeordneten Strategie.

Die Taktik ist also die handwerkliche Umsetzung einer übergeordneten Strategie.

Eine Taktik kann auch dazu benutzt werden, die eigentliche Strategie zu verschleiern. Was hinter dem Wort Verschleierungstaktik steckt, ist also der Versuch, über taktische Maßnahmen, die im ersten Moment unlogisch oder sogar falsch erscheinen, die eigentliche Strategie zu verbergen, um den Gegner zu täuschen. So manche gewonnene Schlacht hat sich für die Gegenseite als eine Täuschung entpuppt. Die Taktik dahinter: Der Gegner fühlt sich durch den erreichten Sieg sicher, rückt mit seinen Truppen unbedacht vor, um schließlich in einem bewusst gelegten Hinterhalt festzusitzen.

Taktische Maßnahmen können auch dazu dienen, die Strategie bewusst zu verschleiern.

So kann man zum Beispiel in einer Verhandlung mit einem Lieferanten zuerst über mehrere Stunden Reklamationen diskutieren und jede kleine Fehllieferung bis ins Detail auseinandernehmen. Das funktioniert besonders gut, wenn der Lieferant in der Vergangenheit tatsächlich einige Qualitätsprobleme hatte. Der Lieferant nimmt dabei automatisch die schwache Position der Rechtfertigung ein und ist damit bereits in der Defensive. Die entscheidende Schlacht spielt sich aber an einer ganz anderen Stelle ab: Durch den ausgeübten Druck soll der Lieferant davon abgehalten werden, eigentlich gerechtfertigte Preiserhöhungen zu fordern. Das strategische Ziel ist also die Abwehr von Preiserhöhungen, der taktische Plan zielt auf die Verunsicherung des Lieferanten ab, indem er in unbequeme Qualitätsdiskussionen verwickelt wird.

Unterscheiden Sie immer sehr genau Strategie und Taktik, denn nur so können Sie die Ziele der anderen Partei aufdecken.

▶ Die Strategie benennt das große Ziel, also den übergeordneten Plan und die wesentlichen Eckpunkte, um dieses Ziel zu erreichen.
▶ Die Taktik definiert die Mittel und Wege, mit denen die Strategie umgesetzt wird.

Wir kennen alle den Begriff der Unternehmensstrategie. Die Unternehmensstrategie beschreibt in der Regel die langfristige Ausrichtung des Unternehmens. So könnte beispielsweise der Vorstand eines Unternehmens beschließen, sich am Markt als Technologieführer zu etablieren. Diese Strategie muss nun handwerklich umgesetzt werden. Das geht bis zu Arbeitsplatzbeschreibungen der einzelnen Mitarbeiter. Denn jeder Mitarbeiter muss wissen, was er dazu tun kann bzw. muss, um der Strategie zu folgen. In der Regel geschieht das über Zielvereinbarungen. So müssen die Mitarbeiter der Forschungs- und Entwicklungsabteilung wissen, wie viele neue Entwicklungen und Patente sie in einem bestimmten Zeitraum avisieren sollen.

KLEINER EXKURS IN DEN FUSSBALLSPORT

Beim Fußball gibt es grundsätzlich zwei Strategien, die der Trainer bei der Planung eines Spieles verfolgen kann. Die eine Strategie hat den Sieg zum Ziel, die andere Strategie hat das Vermeiden einer Niederlage zum Ziel. Hier stehen sich eine offensive (wir wollen gewinnen) sowie eine defensive (wir wollen nicht verlieren) Strategie gegenüber.

Diese Strategien kann man oft beobachten, wenn das große Ziel etwa lautet, beim Europapokal eine Runde weiterzukommen. Im Auswärtsspiel wird die defensive Strategie umgesetzt (nicht zu verlieren oder nicht hoch zu verlieren), im Heimspiel hingegen lautet die offensive Strategie: Wir wollen ganz klar gewinnen.

Die Taktik beim Fußball ist die Festlegung der Spielweise der Mannschaft. Die richtige Taktik zu finden, hängt von vielen Faktoren ab. Die Fähigkeiten der Spieler – wie Fußballtechnik, Beweglichkeit, Schnelligkeit, Ausdauer etc. – gehören genauso dazu wie die mannschaftliche Entwicklung – wie die Mannschaftsstruktur, der Ausbildungsstand bei immer wiederkehrenden Spielsituationen usw. Außerdem ist die richtige Analyse des Gegners wichtig.

Die bekannteste Form der taktischen Ausrichtung ist das Spielsystem (z. B. 4-4-2). Ein Spielsystem beschreibt idealerweise, wo sich die Spieler einer Mannschaft auf dem Spielfeld in etwa zu positionieren haben. Diese unterschiedlichen Aufstellungen werden gewählt, je nachdem, ob eine Mannschaft eher offensiven oder defensiven (strategische Ausrichtung) Fußball spielen will.

Was bedeutet dies aber nun für unsere Verhandlungen? Wie sind die Begriffe der Verhandlungsstrategie und der Verhandlungstaktik einzuordnen?

Über die Strategie legen Sie die Rahmenbedingungen Ihrer Verhandlung fest:

▶ Wie hart (Durchsetzen) bzw. wie weich (Einigung) wollen Sie verhandeln?

Harte Verhandlungen bedeuten, dass das Durchsetzen bzw. Siegen im Vordergrund steht.

Weiche Verhandlungen setzen tendenziell eher auf einen Konsens, idealerweise eine Win-win-Situation oder zumindest einen Kompromiss.

Hart verhandeln bedeutet in diesem Zusammenhang: Sie machen keine Kompromisse, weil Sie sie nicht machen müssen. Gerade an dieser Stelle dürfen Sie noch nicht auf die Taktik schließen. Sie können das durchaus sehr freundlich, sehr ehrlich und sehr sympathisch machen. Hart verhandeln im strategischen Sinne bedeutet also nicht hart verhandeln im taktischen Sinne, etwa den Verhandlungspartner auf der menschlichen Ebene anzugreifen. Vielleicht hat Ihre Analyse aber gezeigt, dass Sie eigentlich keine andere Möglichkeit haben, als sich mit Ihrem Verhandlungspartner zu einigen. Ihre Verhandlungsposition ist einfach nicht gut genug, um Ihre Ziele brutal durchzusetzen. Wenn Sie diese Position auf der taktischen Ebene verschleiern wollen, könnten Sie zum Beispiel nicht besonders freundlich und höflich sein, in der Hoffnung, dass der andere seine Position dadurch falsch einschätzt und verunsichert wird. Ihre leichte Überheblichkeit und Arroganz deutet Ihr Gegenüber unter Umständen als Überlegenheit, die aber de facto nicht vorhanden ist.

Hart strategisch verhandeln bedeutet nicht hart verhandeln im taktischen Sinn.

Sie legen also mehr oder weniger fest, ob Sie den Gipfel alleine besteigen können und damit den gesamten Ruhm für sich ernten oder ob Sie gemeinsam in einem Team den Gipfel besteigen wollen, allerdings dann nur einer unter vielen sind.

▶ Damit wird deutlich, dass über die Verhandlungsstrategie auch der Verhandlungsspielraum festgelegt wird. Bei harten Verhandlungen werden Sie in der Regel nur einen kleinen Verhandlungsspielraum haben, eben weil Sie ihn nicht brauchen. Bei weichen Verhandlungen werden Sie tendenziell eher einen größeren Spielraum brauchen, da eine Einigung angestrebt wird.

▶ Die Verhandlungsstrategie beschreibt ebenfalls grundsätzlich, welche Routen Sie auf dem Weg zum Gipfel beschreiten wollen. Setzen Sie eher auf Überzeugung (R-Route der Rhetorik), auf Macht und Zwang (E-Evaluation; Route der der Macht-/Risikoverhältnisse) oder auf die Beziehungsebene/Sympathie/Wollen (E-Route der Empathie)?

▶ Ein weiterer Punkt, der in der Strategie unbedingt festgelegt werden muss, ist der berühmte Plan B. Wie reagieren Sie, wenn die Strategie des Konsens oder des Durchsetzens nicht aufgeht bzw. nicht funktioniert? Bereiten Sie also eine Alternativroute zum Gipfel vor.

Sollte aber auch Plan B scheitern, legen Sie bereits in der Vorbereitung fest, wann bzw. unter welchen Bedingungen Sie die Verhandlung abbrechen und umkehren, um zu einem anderen Zeitpunkt einen erneuten Aufstieg zu versuchen. Schlagen Sie die Türen nie vorschnell endgültig zu, sondern vertagen oder unterbrechen Sie die Verhandlung. Nur wenn Sie ganz sicher sind, dass Sie keine weiteren Gespräche führen wollen, brechen Sie die Verhandlung ab.

Um diese Eckpunkte festzulegen, müssen Sie die Erkenntnisse aus der Vorbereitung entsprechend einfließen lassen. Sie berücksichtigen dafür:

▶ Alle Informationen, die Sie über Ihr Gegenüber sammeln konnten. Beziehen Sie alle Informationen ein: über den Lieferanten als Firma (Größe/Umsatz im Verhältnis zur eigenen Firma, Größe des Auftrags, aktuelle Auslastung des Lieferanten etc.), aber auch über den Menschen, der Ihnen in der Verhandlung gegenübersitzt. Diese Informationen sind wichtig, um zum einen die Argumentationsroute, aber auch die Machtroute sowie die Empathieroute zu evaluieren.

▶ Versuchen Sie, Ihre Ziele gegen die Ziele des Verhandlungspartners zu stellen. Überprüfen Sie in den Verhandlungsszenarien die zur Verfügung stehenden Lösungsmöglichkeiten. Was nützt es Ihnen, eine Win-win-Lösung anzustreben, wenn diese Lösung nicht möglich ist bzw. es keine Überlappung in den Zielbereichen gibt?

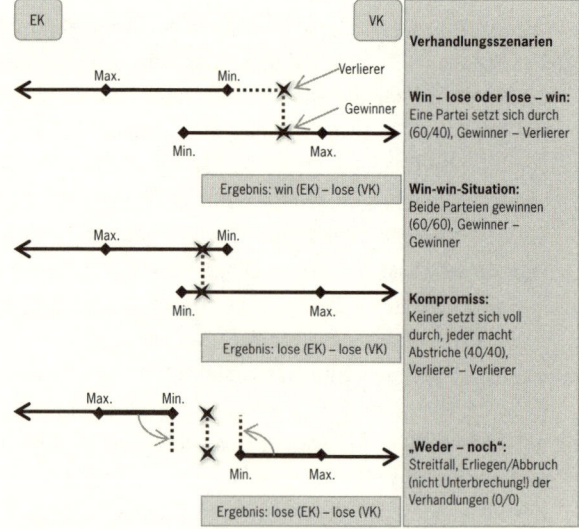

Abb. 23: Verhandlungsszenarien

▶ Überprüfen Sie nun die einzelnen Routen, inwieweit sie für den Aufstieg zum Gipfelkreuz begehbar sind:

  ▷ E-Evaluation des Risikos/der Macht/der strategischen Ausgangsposition:

    Positionieren Sie Ihren Verhandlungspartner und überlegen Sie, wie er Sie strategisch positionieren wird. Versuchen Sie, Rückschlüsse über die Macht- bzw. Risikoverhältnisse zu ziehen (siehe Kapitel 5).

  ▷ R-Rhetorik: Stellen Sie Ihre Argumentation gegen die Argumentation Ihres Gegenübers. Überprüfen Sie Ihre

Chancen, den anderen zu überzeugen. Wie stark ist Ihre Argumentation, wie stark ist die Argumentation der anderen Seite? Können Sie diese Argumente über geschickte Einwände entkräften (siehe Kapitel 6)?

▷ E-Empathie: Überlegen Sie, inwieweit Sie den Verhandlungspartner auf der Beziehungsebene dazu bewegen können, sich Ihren Zielen anzuschließen (siehe Kapitel 7).

Die folgende Grafik mit dem Win-lose-Strategie-Diagramm beschreibt die Wahl der Strategie.

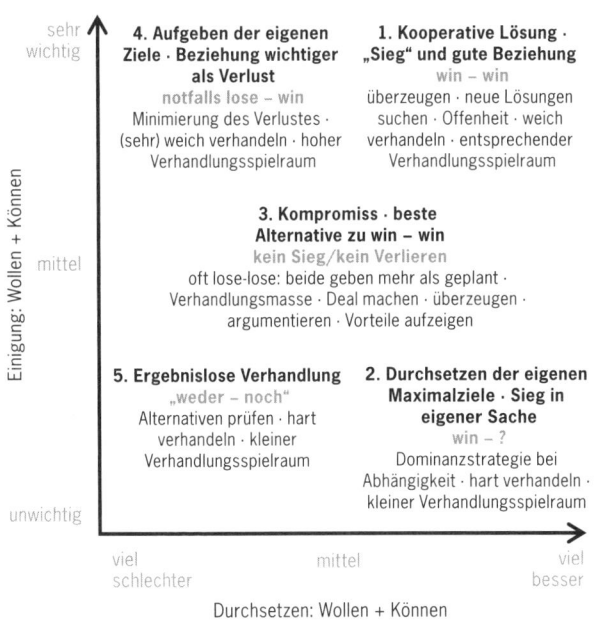

Abb. 24:
Normstrategien für
Verhandlungen

8.2 Strategie 1: Kooperative Lösung / Win-win

Hier geht es darum, einen Konsens zu erarbeiten und eine Lösung zu finden, mit der sowohl Sie als auch Ihr Verhandlungspartner zufrieden sind. Sie wollen sich also durchsetzen und eine Einigung erzielen. Wenn beide Parteien bekommen haben, was sie wollen, kann man das als Win-win-Situation bezeichnen.

Eine komfortable Situation: Beide Seiten gewinnen und sind zufrieden!

141

Partnerschaft bedeutet, dass beide Seiten Freude am Ergebnis haben. Dies ist eine klassische, aus strategischer Sicht weiche Verhandlung, bei der man einen entsprechenden Verhandlungsspielraum und ein Entgegenkommen benötigt, um eine Lösung zu finden. Hier ist man auch bereit, um die Ecke zu denken und neue Wege zu beschreiten, um eine Einigung zu erzielen.

BEISPIEL

Eine Lösung ist nicht in Sicht, obwohl bereits alles ausgereizt wurde: Rabatte, Margen, Verhandlungsmasse und die Möglichkeiten für Deals. Jetzt kann der Verhandlungsgegenstand selbst diskutiert werden. Eventuell eröffnet sich eine Lösung über die Veränderungen in der Spezifikation eines Bauteils oder einer Dienstleistung. Über geringfügige Änderungen in der Spezifikation (Entfeinern von Toleranzen, Verzicht auf Puffer bei der Lieferzeit, Einsatz von Substitutionsmaterial etc.) bekommt der Einkäufer nach wie vor die Qualität, die er als ausreichend definiert. Für den Hersteller haben geringfügige Änderungen eventuell große Auswirkungen im Bereich der Kosten. Daher wird er diese Kostenvorteile in die Verhandlung einbringen, ohne seinen Gewinn opfern zu müssen. So haben letztendlich beide Seiten gewonnen.

Hier ist die Kreativität von Einkäufern und Verkäufern beim Finden neuer Lösungen gefragt.

8.3 Strategie 2: Durchsetzen

Die Einigung steht für Sie nicht im Vordergrund, weil ihre Verhandlungsposition sehr gut ist. Da Sie nichts zu verschenken haben und sich durchsetzen können, werden Sie dies auch tun. Sie machen keine Kompromisse, verhandeln hart und haben einen kleinen Verhandlungsspielraum. Verbinden Sie Ihre starke Ausgangsposition aber nicht zwangsläufig mit rüdem Auftreten und unhöflichem Verhalten, denn auch diese Verhandlungen können höflich, transparent und offen geführt werden.

Sie sind in der stärkeren Position – verhandeln Sie trotzdem höflich, transparent und offen.

8.4 Strategie 3: Kompromiss

Die Verhandlung steckt fest. Beide Parteien müssen nun von ihren Zielen abweichen, um noch ein Ergebnis zu erzielen. Für diesen Fall haben Sie Nebenziele formuliert, die sie opfern können. Da beide Parteien von ihren Zielen abrücken müssen, entsteht letztendlich eine Lose-lose-Situation. Lose-lose hört sich zunächst nicht sehr attraktiv an, ist aber die beste Alternative und kommt der Win-win-Lösung relativ nah, da es keine Sieger-Verlierer-Konstellation gibt. Geteiltes Leid ist halbes Leid! Partner versuchen so, doch noch eine Einigung zu erreichen. Je mehr Nebenziele Sie opfern können und je mehr Verhandlungsmasse Sie für Deals einsetzen können, desto besser.

Welche Nebenziele können Sie für einen Kompromiss opfern?

8.5 Strategie 4: Nachgeben

Man muss auch anerkennen, wenn der Berg zu hoch ist. Manchmal ist es sinnvoll, einfach nachzugeben und anzuerkennen, dass man nicht gewinnen kann und der andere keine Kompromisse machen muss. Der Grat ist schmal. Bleiben Sie stur und hartnäckig, stellen Sie eventuell irgendwann fest, dass Sie sich komplett verrannt haben. Diese Verhandlungssituation ist natürlich schlecht und das Risiko des Scheiterns hoch (Produktionsstillstand, Neukonstruktion, Auftragsverlust, geringe Auslastung, Kurzarbeit etc.). Stellen Sie sich darauf ein, dass Sie nun mal auf den Geschäftspartner angewiesen sind.

Die Gegenseite sitzt am längeren Hebel. Verschwenden Sie keine Energie für geringfügige Verbesserungen.

Nun ist sich Ihr Gegenüber wahrscheinlich bewusst, dass er keine Kompromisse machen muss. Was erwarten Sie? Er wird hart verhandeln und sich durchsetzen. Nachgeben ist in diesem Fall die beste Lösung, da Sie das ökonomische Verhandeln eingeplant haben: Verschwenden Sie keine überflüssige Energie, um eventuell marginale Verbesserungen zu erreichen. Geben Sie nach und wählen Sie für die nächste Verhandlung einen Lieferanten oder Kunden, bei dem Sie das verlorene Geld über eine Durchsetzverhandlung wieder hereinholen können.

143

Einkäufer meiden zwar das Nachgeben wie der Teufel das Weihwasser und auch die Verkäufer geben sich nicht gern unter Wert geschlagen, aber der leidenschaftslose Kaufmann sollte seine Chancen ganz sachlich bewerten.

8.6 Strategie 5: Abbruch

Sie wollen weder Kompromisse machen noch nachgeben, haben daher nur einen kleinen Verhandlungsspielraum und merken schnell, dass Sie zu keiner Lösung kommen werden. Wenn es dem Verhandlungspartner in diesem Fall genauso geht, wird die Verhandlung auf einen Abbruch hinauslaufen. Frei nach dem Motto: Dann verhandle ich eben mit anderen.

BEISPIEL **Szenario 1: Strategieweg 1-2-3-5**

Sie würden gerne, egal ob als Verkäufer oder Einkäufer, mit Ihrem Gegenüber einen Konsens erzielen, da der Kunde bzw. Lieferant interessant ist und Ihnen eine langfristige Partnerschaft attraktiv erscheint. Deshalb sind Sie bereit, mit einem relativ großen Spielraum zu verhandeln und dem anderen entgegenzukommen. Sie gehen davon aus, dass Ihr Verhandlungspartner die Situation genauso bewertet und ebenfalls einen entsprechenden Verhandlungsspielraum mitbringt. Stellt sich nun aber in der Verhandlung heraus, dass die Spielräume der beiden Parteien nicht ausreichen, um eine Lösung zu erzielen (man also immer noch zu weit auseinanderliegt), muss man eine neue Strategie ausprobieren. Man lotet nun Verhandlungsmasse und Deals aus. Aber auch dann kann es sein, dass Sie immer noch nicht zu einer Einigung kommen.

Wenn die Verhandlung ins Stocken gerät, wechseln Sie die Strategie.

Sie müssen sich nun entscheiden. Strategie 1 hat nicht funktioniert. Sie wechseln zu Strategie 2 und passen Ihre taktischen Mittel an. Häufig erkennen Sie das an Sprachmustern, die sich nun verändern. Arbeiten Sie zum Beispiel mit „Wenn nicht …, dann …!"-Formulierungen. Sie versuchen nun, den anderen zu zwingen. Sie verlassen die weiche Route der Vernunft und wechseln zur härteren Route der Macht. Die

Situation sollte das allerdings auch Erfolg versprechend zulassen. So sollten Sie zum Beispiel im Falle eines Scheiterns der Verhandlung den Verlust des anderen höher einschätzen als Ihren eigenen. Wenn diese Strategie nicht funktioniert, weil der andere sich nicht unter Druck setzen lässt, können Sie versuchen, nun einzulenken und einen Kompromiss auszuloten (Strategie 3). Klappt auch das nicht, bleibt Ihnen noch der Abbruch (Strategie 5).

> **BEISPIEL**   **Szenario 2: Strategieweg 1-3-4**
>
> *Dabei haben wir es mit dem klassischen Monopolistenszenario zu tun. Als Einkäufer sind Sie auf den Verhandlungspartner angewiesen! Wenn der Lieferant aufsteht und die Zusammenarbeit beendet, wäre das für Sie katastrophal. In diesem Fall kann der Lieferant hart verhandeln. Streben Sie einen Konsens an, mit dem beide gut leben können (Strategie 1). Lässt sich der Lieferant darauf nicht ein, können Sie versuchen einen Kompromiss anzustreben. Klappt auch das nicht, bleiben dem Lieferanten nur zwei Möglichkeiten: abbrechen oder nachgeben. Wenn der Lieferant hart verhandeln und keine Kompromisse machen möchte, seine Situation zudem ausnutzt und seine Karten sauber herunterspielt, dann bleibt Ihnen nichts anderes übrig, als ein guter Verlierer zu sein. Bis zur Niederlage ist es allerdings ein langer und harter Weg. Hier gilt die HHH-Regel: Hartnäckige Höflichkeit hilft. Nur weil Sie wissen, dass sie zur Not auch nachgeben können, müssen Sie es dem Lieferanten nicht zu leicht machen. Sie können zum Beispiel versuchen, über geeignete taktische Maßnahmen diese Option zu verschleiern. Vielleicht schaffen Sie es so, die Siegessicherheit des Lieferanten anzukratzen. In letzter Konsequenz werden Sie den Lieferanten jedoch nicht gehen lassen.*

Kennen Sie die HHH-Regel? Hartnäckige Höflichkeit hilft!

Sie sehen schon, dass es zahlreiche Möglichkeiten gibt, Strategien zu kombinieren und flexibel zu planen. Wichtig ist, immer einen klaren Plan zu haben (Strategie), um in den unterschiedlichen Situationen einer Verhandlung immer richtig agieren und reagieren zu können. Wenn Sie diesen Plan haben, kann Ihnen nichts passieren. Wenn Sie jedoch an einen Punkt kommen, an dem Sie überhaupt nicht weiterwissen, bleibt Ihnen immer noch die Möglichkeit, die Verhandlung zu einem späteren Zeitpunkt fortzusetzen oder der Abbruch. Reagieren Sie nie unüberlegt, sondern überlegen Sie genau und besprechen Sie das weitere Vorgehen mit Ihren Mitstreitern.

Nun gilt es, die Strategie optimal umzusetzen: mit Ihrer Taktik, über die Sie alles Wichtige im folgenden Kapitel 9 erfahren.

✓ CHECKLISTE

☐ Wägen Sie ab:
Zum Beispiel „Ich will und kann mich einigen" oder „Ich will mich einigen, kann mich aber nicht durchsetzen" und in der Konsequenz „Soll ich nachgeben?"
  ☐ Kann ich …
  ☐ Will/Muss ich … mich durchsetzen?
  ☐ Kann ich …
  ☐ Will/Muss ich … mich einigen?
☐ Ist eine Win-win-Situation möglich?
☐ Was kann ich tun, um win-win zu erreichen (Deal, Produkt, neue Lösung)?
☐ Welchen Plan B verfolge ich, wenn meine Strategie nicht aufgeht?

TAKTIK – DER TAKTISCHE BAUKASTEN PROFESSIONELLER VERHANDLER

9

SUMMARY

Die Strategie steht nun fest. Was jetzt noch fehlt, ist ein Plan, wie Sie die gesammelten Informationen und die zurechtgelegten Argumente in der Verhandlung nutzen und Ihre Strategie konkret umsetzen wollen. Und genau um diesen Plan geht es in diesem Kapitel.

Die Aufstiegsroute samt aller ihrer Alternativen steht fest. Zeit, in die Details zu gehen. Wann möchten Sie losmarschieren? Welcher Proviant wird eingepackt? Wer macht die Fotos? Wer geht wo am Seil und wer achtet darauf, dass die Zeit eingehalten wird? Fragen über Fragen – ihre Antworten formen die Taktik. Die einen wählen Energieriegel und Energydrinks, die anderen bevorzugen Quellwasser, Butterbrote und Obst. Und so, wie jeder eine andere Vorstellung vom perfekten Proviant hat, unterscheiden sich auch die Vorstellungen, nicht nur welcher, sondern auch wie dieser Weg einer Verhandlung dann am besten zu gehen ist.

Berücksichtigen Sie bei der Wahl Ihrer taktischen Mittel unbedingt Ihre Vorlieben, Stärken und Schwächen. Bleiben Sie authentisch! Denn nur, wenn Sie voll hinter Ihrem Vorgehen stehen, werden Sie die Taktik gut umsetzen und überzeugend auftreten können.

Die Umsetzung im Detail: taktische Planung				
Gesprächstaktik	**Das Spiel**	**Teilnehmer**	**Stil**	**Auftreten**
Gesprächseinstieg, -führung	Reihenfolge der Argumente	Verhandlungsführer bestimmen	Höflichkeit	Hartes/weiches Auftreten
Offensive vs. defensive Gesprächsführung: Fordern vs. Abwehren	Haupt- und Begleitargumente	Verhandlungsmandat bestimmen (Verhandlungsführer = Entscheider?)	Verbindlichkeit	Unterschiedliches Auftreten der Teilnehmer
Fragen formulieren: zur Gesprächsführung, zur Info-	Argumentationstechnik	Anzahl der Teilnehmer	Freundlichkeit	Erster Eindruck: erstes Auftreten, Begrüßung, Small Talk, Visitenkarten, Vorstellung etc.
beschaffung	Einwände der Gegenseite	Rollen/Aufgaben: Beobachter, Protokollführer etc.	Ehrlichkeit	Business-Regeln, Etikette
Reihenfolge der Themen	Eigene Einwände	Wechsel in der Verhandlungsführung	Fairness	Eingesetzte Rhetorik
Einstellen auf Gesprächsstil des Gegenübers	Einwandtechniken	Sitzordnung	Aggressivität	Kleidung
Eskalationsstrategie	Argumentationsketten			Körpersprache
	Aggressive vs. defensive Argumentation			Sprache
	Plan für Zugeständnisse			Bild des Unternehmens (Raum, Präsentation etc.)
	Verhandlungsmasse/Tauschobjekte			
Beziehungsebene	**Tricks**	**Methoden**	**Zeit**	**Organisation**
Beziehung zum Gegenüber gestalten: Wellenlänge/Sympathie vs. Einschüchterung/Verunsicherung	Einschüchterung	Bewährte Strategie/Taktikkombinationen:	Termin	Räumlichkeit
	Manipulation	Salamitaktik	Zeitpunkt	Bewirtung
Andere taktische Mittel darauf abstimmen	Good Guy vs. Bad Guy	Blockieren/Mauern	Dauer	Ausstattung
	Aggressivität, Defensive	Spiel auf Zeit	Zeitdruck	Transport/Unterbringung der Gäste
Suggestion, unterschwellige und symbolische Maßnahmen	Old-School-Tricks	Handeln/Basar		

Abb. 25:
Taktikbaukasten

Ausschlaggebend für den Verhandlungserfolg ist, ob und inwieweit es Ihnen gelingt, Ihre Planung umzusetzen. Besonderes Augenmerk verdienen dabei

▸ die rhetorischen Elemente, wie Gesprächsführung, das Argumentespiel und die nonverbale Kommunikation, die Teilnehmer, ihre Rollen und Aufgaben und ihr Zusammenspiel als Team – sowohl aufseiten des Verhandlungspartners als auch im eigenen Verhandlungsteam,

▸ die persönlichen Elemente, wie Verhandlungsstil und Ihr Auftreten,

▸ die psychologischen Elemente, Einsatz von Tricks, Rückgriff auf bewährte Taktiken, Gestaltung der Beziehungsebene und

▸ der zeitliche Rahmen und die organisatorische Vorbereitung der Verhandlung.

Natürlich lassen sich die Zutaten in der Praxis nicht so leicht trennen wie hier auf dem Papier. Vieles bedingt einander. So ist beispielsweise die Frage, ob man die Trickkiste aufmachen soll, nicht nur eine Frage der Psychologie, sondern auch des ganz persönlichen Stils. Die Rolle, die man sich zuteilt, muss zur Person passen – wir hatten das bereits mehrfach erwähnt. Ein Mensch der leisen Töne wird den lauten Polterer wohl kaum glaubwürdig mimen können, es sei denn, er hat echtes Schauspieltalent.

Was passt für mich? Wichtig ist, dass Sie alle Bereiche des Taktikbaukastens durchgehen und sich überlegen, wie Sie hier vorgehen möchten, hier in dieser speziellen Verhandlung. Die Erfahrung zeigt, dass eine gute Planung, auch im Detail, den Erfolg bringt.

Die Wahl der geeigneten Taktik wird von vielen Faktoren beeinflusst. Denken Sie zum Beispiel an ein Unternehmen, das sich in einer kritischen Marktsituation befindet. Da gelten dann gleich andere Spielregeln als zu guten Zeiten. Dazu kommen die Gepflogenheiten und Werte im Unternehmen selbst. Gibt Ihre Firma Ihnen Regeln für den Umgang mit Geschäftspartnern vor? Sieht man Geschäftspartner tatsächlich als Partner? Oder gilt die Devise: Geht raus und zieht die Kunden/Lieferanten über den Tisch? Ein Faktor, der die Wahl der

Gehen Sie wirklich alle Bereiche des Taktikbaukastens durch und überlegen Sie sich bei jeder Verhandlung aufs Neue, welche Maßnahmen hier in diesem Fall sinnvoll sind.

taktischen Mittel bestimmt, sind zuletzt natürlich auch Sie ganz persönlich, denn schließlich müssen Sie in der Verhandlung bestehen, und das können Sie nur, wenn Sie eine Taktik wählen, die nicht total mit Ihrer Persönlichkeit kollidiert. Um es plakativ zu formulieren: Dem Eisenfresser wird man nie das zahme Täubchen abnehmen. Und umgekehrt.

TIPPS

- ▶ Gehen Sie die einzelnen Bausteine des Taktikbaukastens durch und entscheiden Sie sich für „Ihre" Taktik.
- ▶ Wichtig ist, dass die Taktik Ihre Strategie unterstützt.
- ▶ „Ihre" Taktik sollte Ihnen liegen und sich an Ihren Fähigkeiten und Überzeugungen orientieren.
- ▶ Die einzelnen Elemente der Taktik sollten aufeinander abgestimmt sein, damit alles aus einem Guss ist. Ein geübter Gegner erkennt sofort Widersprüche.
- ▶ Auch bei der friedlichsten Verhandlung muss ein bestimmter Druck aufgebaut werden, damit das Gegenüber handelt.
- ▶ Gehen Sie nicht davon aus, dass Ihr Gegenüber Ihnen aus reiner Nettigkeit entgegenkommt. Es geht in letzter Konsequenz immer noch um Geld.
- ▶ Vermeiden Sie widersprüchliches Auftreten/Peinlichkeiten wegen fehlender Abstimmung.

FRAGEN

- ▶ Welche Taktik erscheint mir/uns am vielversprechendsten, um unsere Strategie umzusetzen und unsere Ziele zu erreichen?
- ▶ Steht das Team dahinter?
- ▶ Wirken wir geschlossen und glaubwürdig?
- ▶ Habe ich mir über alle Bestandteile der Taktik Gedanken gemacht und Entscheidungen getroffen?
- ▶ Wird genügend Druck aufgebaut?

9.1 Teilnehmer

Alle Vorbereitung auf eine Verhandlung führt zu nichts, wenn die Teilnehmer nicht mitspielen. Der erste Schritt besteht daher darin, festzulegen, wer überhaupt auf Ihrer Seite an der Verhandlung teilnimmt. Wer *muss* dabei sein, wer *sollte*, und wer muss auf Abruf bereitstehen?

Damit Ihre Planungen nicht ins Leere laufen, ist es wichtig, dass Sie sich persönlich auf die anderen Verhandlungsteilnehmer einstellen. Und diese Einstellung beginnt mit Vorgesprächen. Nur so können Sie auch sicherstellen, dass alle Mitglieder Ihres Teams dieselben Vorstellungen davon haben, worum es in der Verhandlung eigentlich gehen und was erreicht werden soll. Sprechen Sie mit Ihrem Team über folgende Punkte:

▶ Welche Ziele verfolgen wir und welche Strategien, welche Taktik wenden wir an, um diese Ziele zu erreichen?

▶ Wie gehen wir konkret vor und wie argumentieren wir? Welche Informationen dürfen (von wem) gegeben werden und welche nicht?

Je mehr Sie Ihren Verhandlungspartner unter Druck setzen wollen oder müssen, desto wichtiger ist die interne Abstimmung. Soll eines Ihrer Teammitglieder während der Verhandlung eine bestimmte Rolle „spielen" (den „Bedenkenträger", „Good Cop/Bad Cop" etc.), dann muss derjenige genau instruiert sein. Wenn Sie besonders hart verhandeln müssen, sollten Sie Ihr Team unbedingt vorwarnen, damit es Ihnen aus Angst vor einem Scheitern der Verhandlung nicht in den Rücken fällt (denken Sie z.B. an die Fachabteilung, die unbedingt einen Lieferanten haben will). Kündigen Sie auch jeden Bluff, den Sie eventuell anbringen möchten, in den Vorgesprächen genau an! Am bass erstaunten Gesichtsausdruck der Mitstreiter ist schon so manch wohlkalkulierter Verhandlungsbluff gescheitert.

Je klarer Sie im Vorfeld die Rollen der einzelnen Teammitglieder festzurren, desto sicherer klettern Sie durch die Verhandlung. Versuchen Sie gemeinsam, die Stärken und Schwächen des eigenen Teams und des Kundenteams zu identifizieren und passen Sie dann auch gegebenenfalls Ihre Taktik noch einmal an!

Und noch ein wichtiger Punkt gehört vorab mit dem Team geklärt – nämlich die wesentlichen Entscheidungen, von denen Sie annehmen, dass sie am Verhandlungstisch nicht getroffen werden können. Stimmen Sie sich mit Ihrem Team also genau ab, ob und wann Sie die Situation eskalieren lassen:

▸ Wer geht in die Eskalation? (Verhandlungsführer / Ranghöchster)?
▸ Können wir unterbrechen/vertagen/(vorläufig) abbrechen?
▸ Welche Aussagen/Ergebnisse führen zu Verhandlungspausen (oder in eine gesonderte Beratung in einem zweiten Raum)?
▸ Wie wird dabei vorgegangen? In der Regel fordert der Verhandlungsführer zu Verhandlungspausen auf. Der Verhandlungsführer muss nicht der Ranghöchste sein (ist es aber meistens).
▸ Müssen eventuell weitere Teilnehmer auf Abruf bereitstehen oder wenigstens telefonisch erreichbar sein? Bei Vergabeverhandlungen in Übersee kann das wegen der Zeitverschiebung auch nachts erforderlich sein.
▸ Wie gehen wir um mit Drohungen oder mit „Wenn nicht, dann ..."-Situationen?

TIPP FÜR VERKÄUFER

Da Verhandlungen meist beim Kunden stattfinden, sind es wohl oder übel Sie als Verkäufer, die anreisen müssen – oft bereits am Vortag. Sehen Sie das bewusst als Chance, um die gemeinsame Zeit der Anreise und des Abends im Hotel für die Abstimmung mit Ihrem Team zu nutzen.

TIPP FÜR EINKÄUFER

Das Verkäuferteam hat in der Regel die längere Anreise. Sie sollten wissen, dass die Verkäufer diese Zeit nicht zum Ausruhen nutzen, sondern damit, sich detailliert abzusprechen.

> Tun Sie es Ihren Verhandlungsgegnern gleich und planen
> Sie im Vorfeld ein ausführliches Vorbereitungsgespräch
> mit Ihrem Team.

Sich im Vorfeld einer Verhandlung mit allen ihren Teilnehmern auseinanderzusetzen, heißt zunächst, die Stärken und Schwächen beider Seiten zu identifizieren. Wer weiß, womit er im eigenen Team rechnen kann, kann sein Team besser strukturieren, um Stärken zu nutzen und Schwächen auszugleichen. Wer weiß, womit er bei der Gegenseite rechnen kann, kann seine Taktik entsprechend maßschneidern. Gehen Sie Punkt für Punkt durch:

Identifikation der Stärken und Schwächen beider Seiten.

Eigenes Verhandlungsteam
▶ Wer gehört zu unserem Team?
▶ Welche Rolle übernimmt jeder Einzelne?
▶ Was sind die Stärken und Schwächen unseres Teams bzw. der einzelnen Mitglieder?
▶ Wo sehen wir Wissens- oder Erfahrungslücken?

Verhandlungsteam des Kunden/Lieferanten
▶ Wer ist auf der Gegenseite involviert?
▶ Was sind die Stärken und Schwächen des anderen Teams bzw. seiner einzelnen Mitglieder?
▶ Erwarten wir eine partnerschaftliche oder eine harte Verhandlung?
▶ Welche Taktiken oder Tricks erwarten wir?

Nachdem Sie sich ein Bild verschafft haben, wie sich welches Team zusammensetzt, teilen Sie Ihrem Team seine Aufgaben zu. Zunächst die wichtigste Entscheidung: Wer ist Verhandlungsführer? Vergessen Sie bei dieser Entscheidung den Teamgedanken für einen Moment, denn: *Es kann nur einen geben!* Die Rolle des Verhandlungsführers ist die wichtigste in einer Verhandlung. Er gibt Agenda, Themen und Richtung vor und entscheidet über Fortgang und Unterbrechung der Verhandlung. Ein guter Verhandlungsführer steuert das Gespräch so, dass die Ziele – seine Ziele – so gut wie mög-

Den Verhand-
lungsführer gibt
es am Tisch nur
einmal.

lich erreicht werden. Und er lässt dem Verhandlungspartner so viel Raum wie nötig. Den Verhandlungsführer gibt es am Tisch nur einmal. Meist werden beide Seiten, Ein- und Verkäufer, diese Rolle beanspruchen. Deshalb kann diese Rolle im Verlauf der Verhandlung auch wechseln. Kämpfen Sie darum, die Führungsrolle zu übernehmen, und überlassen Sie dies nicht Ihrem Gegner!

VERHANDLUNGSFÜHRER

- ▶ Führt die Verhandlung
- ▶ Gibt Informationen
- ▶ Stellt die entscheidenden Fragen
- ▶ Drückt seine Meinung aus
- ▶ Macht Angebote
- ▶ Verhandelt Zugeständnisse
- ▶ Es muss jedoch nicht die älteste/ranghöchste Person sein, es kann auch derjenige sein, der für diese bestimmte Warengruppe oder diesen bestimmten Kunden im Tagesgeschäft verantwortlich ist.

Ja, Verhandlungsführer kann es nur einen geben. Aber: Als Verhandlungsführer können Sie in einer schwierigen Verhandlungssituation unmöglich alles alleine machen. Das Gespräch führen, souverän argumentieren, aktiv zuhören und auf alle (nonverbalen) Signale Ihres Verhandlungspartners achten, die Zeit im Auge behalten und am besten noch Protokoll führen. Teilen Sie in Ihrem Team also noch die folgenden Rollen ein:

Zusammenfasser/Protokollführer

- ▶ Stellt Fragen, um das Verständnis zu überprüfen
- ▶ Sucht/überprüft Informationen
- ▶ Zieht bei Bedarf die Aufmerksamkeit auf sich
- ▶ Fasst zusammen, um in gewissen Situationen Zeit zu gewinnen
- ▶ Bestätigt übereinstimmende Punkte, macht aber keine Zugeständnisse
- ▶ Verbreitet nicht die eigene Meinung oder Informationen

Beobachter
- Behält die Übersicht
- Beobachtet und hört aufmerksam zu, versucht, „zwischen den Zeilen zu lesen", und gibt Hinweise an den Verhandlungsführer
- Macht Notizen
- Verwaltet Modelle und Preis- bzw. Kosteninformationen
- Versucht, die Motive des Kunden/Lieferanten zu verstehen
- Spricht wenig, um besser zuhören zu können

In Sachen Teilnehmer möchten wir noch ein bisschen aus unserem Erfahrungsschatz plaudern. Unser Hinweis an Verkäufer: Lassen Sie Ihren Chef nicht ins Team! Warum? Ganz einfach: Kunden von Topmanagern haben meistens die schlechtesten Margen! Falls Sie daran zweifeln, dann denken Sie daran, dass Topmanager es sich nicht leisten können zu verlieren. Für „Vorstandaufträge" gibt es meistens nur ein unzureichendes Preiscontrolling. Denn welcher Controller verbietet schon der Geschäftsleitung, einen Auftrag anzunehmen? Zudem sind die Chefs meistens einfach unzureichend vorbereitet: Für wichtige Verhandlungen (große Projekte, Jahresverhandlungen etc.) sollten Sie in der Regel mit einer Vorbereitungszeit von mindestens 2 bis 3 Tagen rechnen – durchschnittlich investieren Topmanager aber nur ca. 45 Minuten in die Vorbereitung einer Verhandlung.

Zuletzt noch ein Tipp für Einkäufer. Für Sie ist es immens wichtig, sich mit den Fachabteilungen abzustimmen. Denken Sie immer daran: Die eigene Fachabteilung will nicht immer dasselbe wie Sie, deswegen stimmen Sie sich unbedingt ab, sonst werden sie das Nachsehen haben. Man kann es gar nicht oft genug sagen: Der Außendienstler, der Ihnen gegenübersitzt, ist erfahrener und oft auch besser vorbereitet. Vielleicht hat er sogar im Vorfeld schon mit den Fachabteilungen diskutiert und versucht, sie ins Boot zu holen. Klingt absurd? Wir kennen aus unserer Beratungspraxis genügend Fälle, wo dies Standard ist.

Hinweis an Verkäufer: Lassen Sie Ihren Chef nicht ins Team!

Hinweis an Einkäufer: Stimmen Sie sich unbedingt mit Ihrer Fachabteilung ab – sonst macht es der Verkäufer!

9.2 Organisation und Zeit

Ja, eine besondere taktische Bedeutung hat auch die organisatorische Vorbereitung der Verhandlung! Einmal signalisieren Sie damit Professionalität im Umgang mit Geschäftspartnern. Man wird annehmen, dass Sie eine gewisse Erfahrung haben und auch auf die Verhandlung professionell vorbereitet sein werden. Zum anderen hat es einen ganz klaren taktischen Vorteil, wenn Sie es sind, der die scheinbar schnöden Eckdaten der Verhandlung organisiert: Sie können die Gesprächsatmosphäre von Anfang an in Ihrem Sinne steuern und dem Gespräch die gewünschte Richtung geben. Überdenken Sie die folgende Liste:

▸ Tagesordnung bzw. Gesprächsagenda festlegen
▸ Ort, Zeitpunkt und Dauer der Verhandlung festlegen
▸ Reservierung des Raumes mit entsprechender Ausstattung (beispielsweise Flipchart, Overhead, Beamer)
▸ Getränke (die drei K: Kaffee, Kekse, Kaltgetränke) und Verpflegung (evtl. Mittagessen in Kantine oder Restaurant, Snacks im Verhandlungsraum) organisieren

Organisiert also nur einer der Verhandlungspartner diese Eckdaten, während der andere sich ausruht? Mitnichten. Auch wenn Sie der Eingeladene sind (in der Regel also der Verkäufer), sollten Sie sich im Vorfeld intensiv mit der Organisation der Verhandlung beschäftigen. Überdenken Sie folgende Liste, die übrigens auch für den Gastgeber gilt:

▸ Bereitstellung von Unterlagen: Dokumente, Zeichnungen, Angebote, technische Daten; Einkäufer: Vergleichswerte anderer Anbieter
▸ Teilnehmer (Verhandlungspartner, eigene Firma) einladen
▸ Eventuell benötigte Fachleute auf Abruf bereithalten
▸ Vertragsentwurf/Verhandlungsprotokoll vorbereiten
▸ Sitzordnung bestimmen
▸ Eventuell Unterkunft, Transport (bei Kunden/Lieferanten mit weiter Anreise, beispielsweise aus China)
▸ Betriebsbesichtigung oder Werksrundgang anfragen/planen

TIPP FÜR DEN EINKÄUFER

Gehen Sie davon aus, dass der Verkäufer sehr häufig bei seinen Kunden verkehrt und so einen guten Vergleich hat, ob Sie ein Profi sind oder nicht. Schaffen Sie das richtige Bühnenbild! Stellen Sie sich einfach vor, wie Sie das Denken des Verkäufers beeinflussen, wenn:

▶ Der Verkäufer am Empfang angemeldet ist

▶ Sie ihn dort pünktlich abholen

▶ Sie ihn souverän und selbstsicher begrüßen und ihn eloquent durch den Small Talk führen

▶ Sie ihn in einen freundlichen Raum führen, wo bereits dampfender Kaffee auf dem Tisch steht

▶ Er auf dem Flipchart schon beim Eintreten die Agenda für das Gespräch lesen kann (z. B. Beginn und Begrüßung 10:00 Uhr, 10:15 Uhr top eins, 10:45 Uhr top zwei usw.)

▶ Der Beamer mit angeschlossenem Notebook bereits das Logo Ihrer Firma an die Wand wirft

▶ Alle Leute/Teilnehmer Ihres Teams bereits anwesend (und dem Anlass entsprechend gekleidet) sind

▶ Die Unterlagen kopiert sind und schon auf den vorbereiteten Plätzen liegen

Sieht so nicht eine Bühne aus, die von vorne bis hinten Souveränität und Professionalität ausstrahlt? Die dem anderen suggeriert: Da ist einer exzellent vorbereitet. Da ist einer ein professioneller und ernst zu nehmender Gesprächspartner. Der macht das nicht zum ersten Mal!

Sie können sich vorstellen, dass Ihr Verhandlungsgegner sich nun anders verhalten wird, als wenn er schon beim Beginn des Besuches das Gefühl hat, dass bei Ihnen alles drunter und drüber geht. Unterschwellig wird er davon ausgehen, dass Sie inhaltlich genauso gut vorbereitet sind wie organisatorisch. Die organisatorische Vorbereitung bringt so viel an „Grundstimmung"! Sie ist kein Zeitfresser und lässt sich übrigens auch komplett delegieren!

Das Setting geht weiter. Nun stellen Sie alle Leute einander vor und stellen sicher, dass jeder weiß, wer an der Verhandlung teilnehmen wird. Geben Sie den anderen die Möglichkeit, ihre Visitenkarten auszutauschen. Begrüßen Sie zur Verhandlung, stellen Sie den Verhandlungsgegenstand klar, stellen Sie die Agenda vor – und fangen Sie an zu verhandeln!

9.3 Gesprächstaktik

Der Einstieg

Der Einstieg legt die Route fest, er stellt die Weichen – Umkehr vielleicht nicht ausgeschlossen, aber schwierig. Wie fangen Sie das Gespräch an?

So: „Ich bin hundertprozentig davon überzeugt, dass wir heute eine zufriedenstellende Lösung erarbeiten!" Oder so: „Der Preis ist für mich nicht verhandelbar."

Der erste Schritt in Sachen Gesprächstaktik besteht darin zu überlegen, mit welchen Aussagen man in die Verhandlung starten möchte. Mit spärlichen Informationen, eventuell garniert mit einem Pokerface? Oder mit einem Zuversicht signalisierenden Statement und einem gewinnenden Lächeln? Die Entscheidung liegt bei Ihnen. Fest steht: Die beiden genannten Beispiele bringen völlig verschiedene Verhandlungen auf den Weg. Die Richtung, die Sie mit den ersten Sätzen einschlagen, sollte dem inneren Kompass Ihres Verhandlungsziels entsprechen. Angriff oder Verteidigung? Sie können offensiv und fordernd in das Gespräch gehen und den andern vor sich hertreiben – oder Sie können etwas defensiver und abwehrend in das Gespräch gehen. Wählen Sie den Weg, der Ihre Strategie unterstützt.

Die Gesprächsführung

In Sachen Gesprächsführung möchten wir Ihnen gerne nur einen, dafür aber ganz wichtigen Hinweis geben: Wer fragt, der führt. Wer antwortet, reagiert (nur). Egal, wie Ihr Ziel lautet und mit welchen taktischen Mitteln Sie Ihre Strategie durchsetzen möchten: Es ist immer ratsam, die Gesprächsführung zu haben. Doch Fragen fallen nicht vom Himmel, zumal nicht in der oft angespannten Stimmung der ersten halben Stunde einer Verhandlung, also wollen sie vorbereitet sein.

Wer fragt, verschafft sich Informationen. Überlegen Sie also im Vorfeld, was Sie vom Gegenüber noch wissen müssen und formulieren Sie diese Frage offen. Ein Beispiel: Auf die Frage „Werden Sie auch pünktlich liefern?" werden Sie auf dieser Erdkugel wohl kaum einen Lieferanten finden, der darauf nicht mit einem kräftigen Ja! antwortet – Ihr Informationsstand nach dieser Frage ist also derselbe wie zuvor. Ganz anders die offene Formulierung: „Wie stellen Sie Ihre Liefertermine sicher?" Da kann sich der Lieferant nicht mit einem einfachen Ja oder Nein aus der Affäre ziehen. Sie bekommen Informationen.

Und auch die Verkäufer können gezielt offene Fragen formulieren, zumal sich gerade Entscheider ungern sagen lassen, was sie zu brauchen haben. Stellen Sie also Fragen nach den Bedürfnissen Ihres Kunden und lassen Sie ihn den Nutzen für sich einschätzen! Etwa so: „Was für eine Reaktionszeit/Verfügbarkeit/… stellen Sie sich denn vor?" Oder: „Würde es Ihnen helfen, wenn …?"; „… Wäre das nicht ein interessanter Gesichtspunkt für Sie?"

WER FRAGT,

- ▶ der führt!
- ▶ lenkt das Gespräch auf die Themen, die besprochen werden sollen!
- ▶ zeigt Interesse!
- ▶ bekommt Informationen!
- ▶ muss selber nicht antworten!
- ▶ hat Zeit zum Nachdenken!
- ▶ manipuliert seinen Gesprächspartner!
- ▶ bekommt die Antworten, die er bekommen möchte!

Achten Sie während des Gesprächs immer darauf, dass die gestellten Fragen auch wirklich beantwortet werden und Ihr Gegenüber Ihnen nicht ausweicht oder gar mit einer Gegenfrage antwortet – dann ist Ihre Gesprächsführung nämlich sofort aus dem Lot und Sie drohen zu strauchein.

Tipps für den Einkäufer

Ganz klar: Sie sind der Kunde, also übernehmen Sie die Rolle als Verhandlungs- bzw. Gesprächsführer! Bleiben Sie dabei höflich, aber bestimmt.

Führen Sie!

▶ *Geben Sie dem Verhandlungspartner durch (straffe) Führung das Gefühl, dass Sie die Verhandlung im Griff haben.*

▶ *Geben Sie Ihrem Verhandlungspartner den Raum/Redeanteil, den er braucht und der Ihrer Verhandlungsstrategie entspricht. Hier lassen Sie den Verkäufer reden, aber nur so viel und so lange Sie wollen:*

  ▷ *Vorstellung des Unternehmens,*

  ▷ *Informationsbeschaffung,*

  ▷ *Verkäufer will verkaufen: Vorteile/Argumente anhören.*

▶ *Aber: Sie erteilen das Wort und bestimmen das Thema.*

▶ *Kein Abschweifen und Ablenken vom Thema zulassen. Lieferant beantwortet andere Fragen, als die gestellt worden sind. Sie fragen nach dem Preis, er erklärt den Nutzen des Produktes. Schön und gut, aber nicht die Frage.*

▶ *Lieferant beantwortet Fragen nicht, sondern stellt seinerseits Fragen, um Sie in die Reaktion zu bringen. Wer fragt, der führt. Wer fragt, agiert, wer antwortet, reagiert! Merken Sie sich, was Sie gefragt haben und ob Sie tatsächlich eine Antwort erhalten haben.*

▶ *Bestimmen Sie Ort, Zeitpunkt, Agenda und Zeitrahmen.*

▶ *Bestimmen Sie:*

  ▷ *wie lange die Verhandlung dauert,*

  ▷ *Tempo und Inhalte,*

  ▷ *Pausen,*

  ▷ *Themenwechsel,*

  ▷ *Abbruch, Vertagung,*

  ▷ *evtl. Zeitdruck erzeugen und nutzen.*

Typischer Anfängerfehler:
Der Verhandlungspartner übernimmt die Führung

▶ *Wehren Sie sich von Anfang an gegen eine Reglementierung seitens Ihres Verhandlungspartners bezüglich The-*

menwahl oder Zeitrahmen. *Sie sind der Kunde und bestimmen!*

▶ Durchschauen Sie die Technik des Ausklammerns: „Bevor wir die Frage der Preiserhöhung nicht geklärt haben, können/sollten wir noch nicht über Optimierungsprojekte sprechen …" – Wieso nicht?

▶ Besonders beim Gesprächseinstieg versuchen Verkäufer häufig schon das Gespräch an sich zu nehmen.

▶ Lassen Sie sich nicht überrumpeln, aber werden Sie insbesondere in der frühen Phase des Gesprächs noch nicht unfreundlich:

▷ Nicht: „Jetzt lassen Sie mich bitte mal ausreden!"

▷ Besser: Fangen Sie einfach noch einmal an – „Hochinteressant, was Sie da sagen. Darauf werden wir noch ausführlich zu sprechen kommen. Aber zuerst mal … herzlich willkommen bei uns im Haus. Möchten Sie einen Kaffee?"

▷ „Hochinteressant, was Sie da sagen. Darauf werden wir sicher noch ausführlich zu sprechen kommen. Lassen Sie uns aber nun über das wichtige Thema Liefertermintreue sprechen!"

Agenda

Schritt für Schritt – nichts anderes bezeichnet Ihre Agenda. Und diese Schrittfolge müssen Sie beibehalten, denn nur dann kann man wirklich von Gesprächsführung reden. Bestimmen Sie in der Vorbereitung die Reihenfolge der Themen, wie lange Sie für die einzelnen Themen Zeit haben, ob die einzelnen Themen abgeschlossen sind, Ihre Fragen dazu beantwortet wurden et cetera.

Tipp: Machen Sie sich am besten einen Routenplan – ähnlich eines Flussdiagramms, das Programmierer benutzen, um eine Logik in eine Software zu bringen.

Das Timing bei Preisverhandlungen

Als wesentlicher Aspekt bei Preisverhandlungen gilt immer die Frage, *zu welchem Zeitpunkt* Sie einen Preis nennen. Meistens wird dieser Moment von beiden Seiten verzögert, bis alle Argumente ausgetauscht sind und es sich wirklich nicht

mehr vermeiden lässt. Warum? Weil sich hartnäckig der Mythos hält, man solle nie als Erster ein Angebot auf den Tisch
legen. Wer das erste Angebot macht, gebe zu, für wie wenig
er bereit ist abzuschließen. Der Verhandlungspartner könne
das ausnutzen, um zu einem günstigen Abschluss zu kommen. Falsch! Studien zeigen: Kaum etwas beeinflusst das Verhandlungsergebnis mehr als der Startpreis („Preisanker").

Nicht das Timing zählt bei Preisverhandlungen, sondern der Preisanker.

Und das leuchtet auch ein! Schließlich haben Sie Ihre Ziele
mit kühlem Kopf und auf Basis der besten Informationen
bestimmt, die Ihnen zur Verfügung stehen. Sie haben Ihren
Zielpreis unter Berücksichtigung von Wettbewerbsvorteilen,
Kundennutzen und Ihrer spezifischen Verhandlungsposition
definiert. Warum sollten Sie sich durch einen Fantasiepreis,
den Ihr Verhandlungspartner Ihnen entgegenschleudert, verunsichern lassen? Setzen stattdessen Sie den Preisanker!

Wie setzt der Verkäufer den Preisanker? Die Basis bilden
Ihr Angebot und die Ergebnisse vergangener Verhandlungen.
Berücksichtigen Sie dann sowohl quantitative als auch quali-
tative Informationen: Inwiefern unterscheidet sich die aktuelle Ausgangslage von früheren Verhandlungen?. Setzen Sie
den Startpreis so, dass Ihr Zielpreis ungefähr in der Mitte
zwischen Start- und Minimalpreis liegt. Haben Sie hohe An-
sprüche – seien Sie nicht zu zurückhaltend, sondern fordern
Sie ruhig ein wenig mehr, als es Ihnen realistisch erscheint.

Wie setzt der Einkäufer den Preisanker? Ja, wir empfehlen
auch dem Einkäufer, seinen Preis zuerst zu nennen. Denn der
Erste kann davon ausgehen, dass der andere nun arbeiten
muss. Es ist eben ein Unterschied, ob Sie einen hohen Preis
nach unten argumentieren müssen oder ob der andere aktiv
werden muss und einen niedrigen Preis nach oben argumentieren muss. Lassen Sie also besser den anderen arbeiten!
Eine Ausnahme: Nur wenn Sie über die Gepflogenheiten in
der Branche und die Situation des Kunden wenig wissen und
die andere Seite über große Erfahrung im Markt verfügt,
sollten Sie Ihrem Verhandlungsgegner den Vortritt lassen.

Anker- und Referenzpreis haben einen nachgewiesenen
Einfluss, also nutzen Sie diesen!

Für den Verkäufer: Sprechen Sie über den Preis als eine selbstverständliche Eigenschaft Ihres Produktes. Winden Sie sich nicht, verteidigen Sie sich nicht. Wenn Sie aufgefordert werden, den Preis zu begründen, dann argumentieren Sie mit Wettbewerbsvorteilen, dem hervorragenden Service und der Reputation Ihres Unternehmens, aber entschuldigen Sie sich nicht. Und zweifeln Sie nie selbst an der Berechtigung Ihrer Forderung. Der Kunde wird dies sofort merken.

Für den Einkäufer: Falls Sie nicht über die nötigen Informationen verfügen, um aktiv einen Preisanker zu setzen, oder Befürchtung haben, den Anker zu hoch zu setzen und damit etwas zu verschenken, weil der andere vielleicht doch noch Zugeständnisse in der Tasche hat, dann empfehlen wir Ihnen, eine andere Technik anzuwenden: die so genannte Last-Price-Technik. Und die hört sich zum Beispiel so an: „Lieber Verkäufer, wir werden das jetzt so machen: Sie geben mir nun Ihren letzten Preis. Der geht heute Abend in die Endausscheidung, das handhaben wir mit jedem Lieferanten gleich. Dieser Preis wird also darüber entscheiden, ob Sie den Auftrag bekommen oder nicht. Dieser Preis wird nicht noch einmal nachverhandelt, er ist endgültig. Ziehen Sie sich also nicht zu warm an und geben Sie mir an Rabatt, was Sie haben. Und ich werde Sie dann zu gegebener Zeit darüber informieren, ob es gereicht hat oder nicht."

Zugeständnisse bei Preisverhandlungen
Denken Sie als Verkäufer immer daran: Preiszugeständnisse sind teuer. Jeder Euro, den Sie hergeben, schmälert 1:1 Ihren Gewinn. Deshalb müssen Sie äußerst vorsichtig damit umgehen. Zugeständnisse sollten groß genug sein, um für den Kunden attraktiv zu sein, aber nicht zu groß. Außerdem muss ein Zugeständnis signalisieren, dass die Verhandlung auch scheitern kann, denn sonst wird der Kunde nicht aufhören, immer mehr zu fordern. Wie geht das genau?

Methodik der Zugeständnisse (für Ein- und für Verkäufer):
1. Signalisieren Sie durch immer kleiner werdende Zugeständnisse, dass sich Ihr Verhandlungsspielraum erschöpft (z. B. Nachlässe von 3.000,–/1.500,–/500,–).

2. Erhöhen Sie die Präzision mit jedem Schritt (3.000,–/
   1.430,–/496,–). So erwecken Sie den Anschein, dass Sie
   von Schritt zu Schritt schärfer kalkulieren.
3. Denken Sie bei jedem Schritt länger nach.
4. Gemachte Zusagen können nicht zurückgenommen werden. Sie werden kaum ein einmal gemachtes Zugeständnis wieder zurücknehmen können (es sei denn im Tausch
   gegen ein anderes Zugeständnis). Sie sollten aber erkennen, wenn ein Einkäufer dies versucht: Oft signalisieren
   Einkäufer ein „Ja" zu einem bestimmten Preis, um es dann
   wieder infrage zu stellen. Sie erwarten, dass Sie dann um
   diese erstgenannte Zahl kämpfen, obwohl diese zuvor viel
   zu niedrig für Sie war. Bleiben Sie bei Ihrem Standpunkt
   und akzeptieren Sie diesen Preis auf keinen Fall!

9.4 Taktik der Argumentation

Erst eine gute Gesprächsführung stellt sicher, dass Sie Ihre
Argumente an der richtigen Stelle einbringen können. Konzentrieren Sie sich dann auf Punkte mit maximaler Aussa-
gekraft, denn nicht die Masse ist entscheidend, sondern die
Wirksamkeit. Weniger ist mehr!

▶ Nutzen Sie die überzeugendsten Argumente, die Sie fin-
  den können, um Ihre Ziele zu erreichen.
▶ Identifizieren Sie die Kriterien, die von Ihrem Geschäfts-
  partner als stichhaltig akzeptiert werden *und* die Sie in
  Ihrem Sinne einsetzen können.
▶ Entscheiden Sie, welche objektiven Kriterien Ihre Argu-
  mentation am besten stützen und bereiten Sie Daten vor:
  ▷ Kostentreiber (Rohstoffe, Lohnkosten, etc.) bzw. auf-
    seiten des Einkaufs gesunkene Kosten
  ▷ Auslastung der Branche bzw. aufseiten des Einkaufs
    Auslastung des Wettbewerbs
  ▷ Preise der Endprodukte: Kommunizieren Sie signifi-
    kante Änderungen (zu Ihren Gunsten) auch *vor* der Ver-
    handlung.

  ▷ Im Verkauf: eigene USP (Alleinstellungsmerkmale), Performance im Vergleich zum Wettbewerb, Wechselkosten für den Kunden
  ▷ Im Einkauf: zu erwartende Produktivitätssteigerung (Erfahrungskurve)
▶ Verkäufer argumentieren mit dem Nutzen, nicht mit den Preisen, Einkäufer fragen nach dem Wert des Nutzens.
▶ Verkäufer betonen Kundennutzen und nicht technische Produkteigenschaften und zeigen auf, wie sie ihren Kunden dabei unterstützen, seine Ziele zu erreichen. Und: Heben Sie als Verkäufer Situationen hervor, in denen Sie außergewöhnlichen Service geliefert haben (technische Unterstützung/Unterstützung bei Lieferengpässen etc.).

Zur Ermittlung der relevanten Kernaussagen können Sie als Verkäufer die Wettbewerbsvorteilsmatrix nutzen, die wir bereits in Kapitel 6 erläutert haben.

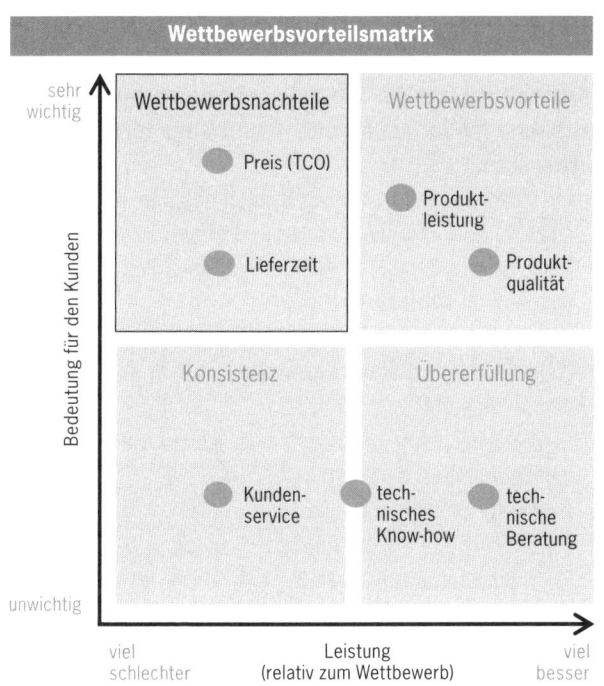

Abb. 26:
Wettbewerbs-
vorteilsmatrix

165

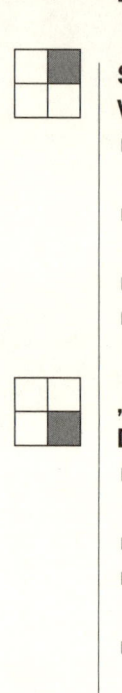

Strategische Wettbewerbsvorteile:
Vorteile kommunizieren!
- ▶ Identifikation von Schlüsselfaktoren und zugehörigen Botschaften
- ▶ Festlegung, was *vor* und was *während* der Verhandlung angesprochen werden sollte
- ▶ Unterlegung von Argumenten mit Fakten und Beweisen
- ▶ Zusammenfassung mithilfe von Daten und Fakten, die die verwendeten Argumente am besten untermauern

„Mehrleistung":
Die vom Kunden gefühlte Wichtigkeit erhöhen!
- ▶ Betonung der Risiken, die die Schwächen der Wettbewerber mit sich bringen
- ▶ Quantifizierung und Darstellung von Stärken und Nutzen
- ▶ Identifikation von Eigenschaften, die in der Zukunft wichtig werden könnten und dann für einen hohen Nutzen sorgen
- ▶ Verknüpfung dieser Eigenschaften mit einem Preis, um ihren Nutzen zu verdeutlichen („Was nichts kostet, ist nichts wert!")

Vorbereitung auf die Top-5-Gegenargumente:
Probleme im Voraus erkennen und Gegenargumente vorbereiten!
Analyse der eigenen Wettbewerbsnachteile, um auf die wahrscheinlichsten Gesprächsthemen vorbereitet zu sein:
- ▶ Wo erfüllen wir die Kundenanforderungen nicht?
- ▶ Wo sind die Wettbewerber besser als wir?
- ▶ Welche Probleme/Beschwerden erwarten wir?
- ▶ Welche Gesprächsthemen basieren auf Anekdoten, welche auf Fakten?
- ▶ Sind die Probleme spezifisch oder gelten sie für die gesamte Branche?
- ▶ Gegenbeispiele recherchieren
- ▶ Fakten vorbereiten, um Anekdoten zu kontern
- ▶ Ein mögliches Problem als typisch für die gesamte Branche beschreiben
- ▶ Negatives in Positives ummünzen (z.B. 5% Lieferverzögerungen bedeuten auf der anderen Seite 95% pünktliche Lieferungen)

Nachdem Sie sich bewusst gemacht haben, was wohl die Kernthemen („Knackpunkte") in der Verhandlung sein werden (das sind meist die Punkte, die für den Kunden oder Lieferanten besonders wichtig sind), denken Sie weiter! Überlegen Sie noch einmal, wie wichtig Ihnen selbst diese Themen für die Erreichung Ihrer Ziele sind. Oft werden Sie feststellen, dass beide Seiten den Wert der angebotenen Leistungen unterschiedlich bewerten. Daraus ergeben sich mögliche Tauschobjekte, Zugeständnisse und Kompromisse, und gerade darin besteht die Chance einer Einigung.

▶ Wie wollen Sie Zugeständnisse machen (Anzahl und Höhe der Schritte)?
▶ Wie argumentieren Sie für jeden Schritt?
▶ Warum geben Sie nach (Begründung)?
▶ Wie viel geben Sie nach bzw. was bieten Sie zum Tausch an?
▶ Welche Gegenleistung fordern Sie?

Die Bestimmung der Wichtigkeit von Kernthemen/-produkten für jede Seite gibt Ihnen Hinweise darauf, in welcher Phase Sie welche Argumente sinnvoll einsetzen.

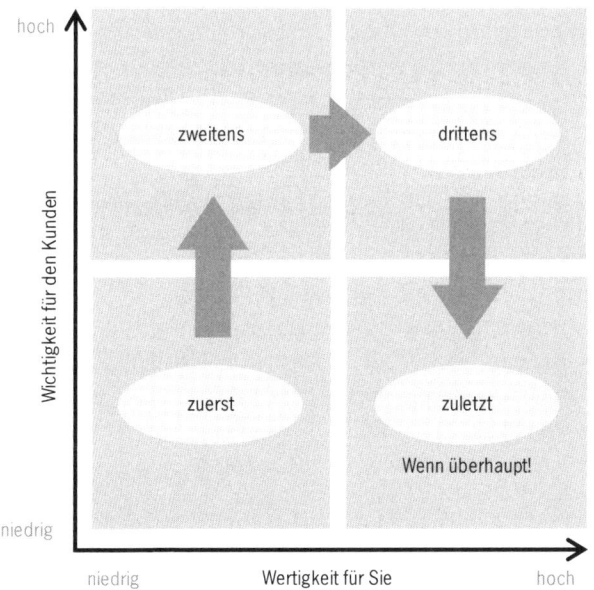

Abb. 27:
Planen von
Zugeständnissen

167

Erstens: Diese Punkte geben wahrscheinlich nicht den finalen Ausschlag, sind aber eine nette Zugabe. Versuchen Sie, deren Wichtigkeit künstlich zu überspitzen!

▶ Opfern Sie diese Punkte aber nicht unnötigerweise – Sie könnten sie später noch brauchen, beispielsweise, wenn die Verhandlung um Schlüsselthemen ins Stocken gerät.

▶ Schauen Sie nach Win-win-Möglichkeiten als Ausgleich.

▶ Bedenken Sie das Timing – nutzen Sie diese Punkte in Schlüsselmomenten – aber überschätzen Sie nicht den Wert dieser Themen für die Verhandlung.

Zweitens: Schlüsselthemen – nutzen Sie diese intelligent! Übertreiben Sie, wie wichtig diese Themen für Sie sind, und geben Sie nur widerstrebend nach.

▶ Priorisieren Sie den Wert einzelner Zugeständnisse, um Präferenzen zu entwickeln.

▶ Planen Sie die Kommunikation, Quantifizierung und Betonung der Zugeständnisse.

▶ Unterschätzen Sie den Einfluss dieser Produkte/Themen nicht!

Drittens: Geben Sie nie kampflos auf! Verlangen Sie immer eine Gegenleistung, kämpfen Sie hart für eine faire Lösung!

▶ Bereiten Sie die Wertargumente vor.

▶ Haben Sie im Hinterkopf, was Sie als Gegenleistung für Zugeständnisse verlangen sollten (z.B. höhere Abnahmemengen etc.).

▶ Beachten Sie Ihren Start-, Ziel- und Mindestpreis.

Zuletzt: Bereiten Sie sich darauf vor, die Verhandlung abzubrechen, anstatt hier nachzugeben.

▶ Bereiten Sie starke Wertargumente vor.

▶ Bereiten Sie sich auf Ablenksmanöver zu den „Bargaining-Chips" vor (z.B. andere oder weniger margensensitive Produkte).

▶ Haben Sie keine Angst, Nein zu sagen.

Als Lieferant behalten Sie beim Spiel der Argumente zudem immer Ihre Kundenanalyse im Hinterkopf: Was ist ihm neben dem Preis besonders wichtig? Bieten Sie zuerst *preisneutrale*

Zugeständnisse an. Dann, falls nötig, machen Sie preisrelevante Zugeständnisse für weniger wichtige Produkte oder Positionen Ihres Angebots. Überprüfen Sie die eigene Kosten- und Angebotssituation vor der Verhandlung: Was können Sie realistisch anbieten? Beispiele: Zuliefersicherheit, Value Added Services, kürzere Lieferzeiten. Und sollten Sie damit nicht weiterkommen, bieten Sie keine Preisnachlässe auf Ihre Kernprodukte an, sondern machen Sie (zunächst) preisrelevante Zugeständnisse bei weniger wichtigen Produkten oder Dienstleistungen. Erstens verteidigen Sie so die wichtigen Preisniveaus Ihrer Kernprodukte; zweitens erhöhen Sie den Umsatz dieser weiteren Produkte. (Es versteht sich von selbst, dass Sie dazu Ihre Zahlen kennen müssen!) Ein Beispiel: Welche Zusatzmenge sollten Sie im Gegenzug für Preisnachlässe fordern?

Preisnachlass	um 1%	um 2%	um 5%	um 10%
Welche zusätzliche Menge benötigen Sie, um den Umsatz konstant zu halten?	+1%	+2%	**+5,3%**	+11,1%
Welche zusätzliche Menge benötigen Sie, um den Deckungsbeitrag konstant zu halten?*	+11,1%	+25%	**+100%**	+ ∞

*10% DB-Marge

Tab. 11: Zusammenhang zwischen Preis und Menge

Legen Sie für jedes Zugeständnis eine Gegenleistung fest:

▶ Fragen Sie sich beim Angebot von Preisnachlässen immer: Welches zusätzliche Volumen (der anderen Produkte) muss ich verkaufen, damit der Deal margenneutral wird?

▶ Wenn Sie keine höhere Menge herausschlagen können, fragen Sie nach festen Mengenzusagen.

▶ Zuallerletzt – fragen Sie nach nicht monetären Zugeständnissen wie Nachfrageinformationen, Exklusivität …

▶ Denken Sie daran: Quidproquo. *Immer* nach einer Gegenleistung fragen!

Um kreative Lösungen vorschlagen zu können, legen Sie sich eine Konzessionsliste zurecht.

Konzessionsliste	
Zugeständnisse	**Gegenleistungen**
■ Verkürzung der Lieferzeit ■ Erweiterung der Garantieleistung ■ Preisnachlass bis 3 %	■ Erhöhung der Bestellmenge um … ■ Anzahlung bzw. Vorauszahlung ■ Sammellieferung
■ Kostenfreie Wartung im ersten Jahr ■ Preisnachlass bis 5 %	■ Zusätzlicher Abschluss eines Wartungsvertrags ■ Probeauftrag für ein anderes Produkt

Tab. 12:
Beispiel
Konzessionsliste

Der Verhandlungsführer hat noch weitere Möglichkeiten, die Argumentation taktisch in einen Kontext einzubetten. In der Praxis haben sich hier fünf verschiedene Taktiken bewährt, die gerne beliebig zu kombinieren sind:

fünf verschiedene Taktiken

Taktik 1: Aktiv eine Lösung anbieten

Sie sagen, wie Sie das Thema beurteilen und stellen dann dar, was Sie sich als ideales Ergebnis wünschen. Dies begründen Sie mit Ihren ein bis zwei Hauptargumenten. Gehen Sie nun positiv darauf ein, wie Sie die Wünsche Ihres Verhandlungspartners verstanden haben. Daraus leiten Sie einen Lösungsvorschlag ab. Dies kann eine „echte" Win-win-Lösung sein oder ein Kompromiss.

Diese Methode bietet sich an, wenn Sie Ihren Partner gut kennen und wissen, dass auch er grundsätzlich ein faires Ergebnis erreichen will. Verhandlungen, die nach diesem Muster ablaufen, sind häufig sehr unkompliziert und schnell. Beide Parteien schenken sich taktische Spielchen und gehen offen und ehrlich miteinander um.

Taktik 2: Nur die eigene Sicht diskutieren

Die Ausführungen und die Argumente der Gegenseite interessieren Sie nicht. Stattdessen stellen Sie Ihre Sicht in den Vordergrund und begründen diese mit Ihren Hauptargumenten („Ja, aber…"). Fordern Sie nun den Verhandlungspartner auf, mit Ihnen eine Lösung zu suchen, die auf Ihrem Standpunkt basiert.

Diese Taktik bietet sich an, wenn Sie sehr gute Argumente sowie hieb- und stichfeste Beweise auf Ihrer Seite haben. Häufig versucht man mit dieser Taktik aber auch, einen eigenen wackeligen Standpunkt zu verschleiern. Sie lassen sich nicht auf Wortgefechte ein, welche Sie zu verlieren fürchten.

Taktik 3: Den Verhandlungspartner besiegen

Das ist eine ziemlich brachiale Methode, die oft offene Konfrontation bedeutet. So gehen Sie vor, wenn Sie die Konfrontation nicht scheuen, ja vielleicht sogar wünschen. Aber Achtung: Diese Methode ist höchst konfliktträchtig!

Auch diese Taktik wählen Sie, wenn Sie von Ihrem Standpunkt überzeugt sind, weil Sie mächtige, starke und gute Argumente haben. Vielleicht sind Sie sogar in der Lage, die Argumente Ihres Gegenübers mit Fakten als falsch zu entlarven.

Bei dieser Art der Verhandlung bringen Sie Ihrem Gegenüber eine Niederlage bei. Seien Sie sich über die Folgen dessen bewusst.

Taktik 4: Die Gegenseite scheinbar ins Boot holen

Sie sagen, was Sie vom anderen verstanden haben und warum Sie das größtenteils auch so sehen. Würdigen Sie den Standpunkt, schildern Sie aber auch Ihre Bedenken und Einwände, um dann auf die Vorzüge und guten Argumente des eigenen Standpunktes zu verweisen.

Fassen Sie zusammen und nennen Sie noch einmal einige Begründungen dafür, warum Ihr Vorschlag letztlich doch noch besser ist als der – ebenfalls sehr gute – von der Gegenseite.

Diese Taktik eignet sich, wenn Sie mit Ihrem Partner auf Augenhöhe verhandeln, trotzdem aber keine Zugeständnisse machen können oder wollen. Sie können ihn so sein Gesicht wahren lassen. Die Taktik bietet sich auch an, wenn Sie wissen, dass Ihr Verhandlungspartner mächtiger ist oder mit Vorurteilen und feindseligen Gefühlen gegen Sie antreten wird. Indem Sie ihm aufmerksam zuhören und seine Ausführungen schließlich positiv bewerten, stimmen Sie ihn friedlicher.

Taktik 5: Lösungen verhandeln

Hier stellen Sie, möglichst wertfrei, Ihren Standpunkt und den der Gegenseite nebeneinander. Arbeiten Sie an einer gemeinsamen Lösung und fordern Sie dazu auch den Verhandlungspartner auf. Ziel ist es, eine für beide Seiten zufriedenstellende Lösung zu erarbeiten. Das kann eine „echte" Win-win-Situation sein oder zumindest ein Kompromiss, bei dem beide Seiten über ihren Schatten springen müssen.

Diese Taktik ist anwendbar, wenn beide Standpunkte gleich stark begründet sind und bietet sich an, wenn man mit einem gleichgewichtigen oder strategischen Partner verhandelt, bei dem man selber oder beide an einer Lösung interessiert sind.

Diese Taktik bietet sich aber auch dann an, wenn Sie mit einer Person zu verhandeln haben, die über mehr Macht verfügt als Sie. Dann vermeiden Sie so ein riskantes Wortgefecht und appellieren stattdessen an die Fairness des anderen.

9.5 Die Trickkiste

Müssen Sie die Trickkiste wirklich öffnen? Wenn Sie gute Argumente oder eine gute Position haben, dann brauchen Sie keine Tricks. Und: Durchschaut Ihr Gegenüber Ihren Trick, kann das nach hinten losgehen. Dies vorausgesetzt, schauen wir mal in die Kiste hinein. Sie enthält:

Manipulationen:
Damit meinen wir auch einfache rhetorische Manipulationen wie beispielsweise die „Gutmensch"-Falle. Hierzu mehr in Kapitel 10.

„Good Guy – Bad Guy"
Diesen Trick wenden Sie an, wenn Sie beispielsweise eine konsensorientierte Verhandlung führen möchten, aber der andere sich darauf nicht einlassen möchte, sondern sogar aggressiv und frech auftritt. Dann müssen Sie diesem Verhalten etwas entgegensetzen können – und wenn Sie das nicht selbst erledigen wollen, nehmen Sie Ihren „Kettenhund" mit. Der wird von der Leine gelassen, damit er „Stress" macht,

ebenso aggressiv ist und dem anderen klarmacht: Wenn du Streit suchst, gerne! Natürlich muss es so weit nicht kommen, Sie können den Kettenhund rechtzeitig wieder an die Leine nehmen und die Verhandlung übernehmen: Ihr Gegenüber wird dankbar sein. Endlich wieder mit einem vernünftigen, lösungsorienterten Partner sprechen!

Old-School-Tricks

Der Name sagt es bereits: Diese Tricks sind nicht mehr zeitgemäß, trotzdem sollte man sie kennen (nicht zuletzt, um sie zu durchschauen, wenn die Gegenseite auf sie zurückgreift):

▸ Den anderen unnötig lange warten lassen
▸ Keinen Kaffee anbieten
▸ Einen ungemütlichen Raum wählen
▸ Den anderen so setzen, dass er in die Sonne schaut
▸ Die Heizung zu hoch bzw. zu niedrig einstellen usw.

Sie sehen, worauf das hinausläuft. Kratze an der Würde deines Gegenübers und er wird ganz klein werden und sich entsprechend verhalten. So primitiv diese Tricks sind, so effektiv sind sie in den meisten Fällen – leider! Ja, wir geben hier ein ganz klares Votum gegen old school ab. Es ist hässlich, nicht zeitgemäß und wenn Sie damit an den Falschen geraten, kann das Ganze richtig böse nach hinten losgehen, weil er die Botschaft, die hinter diesen Tricks steckt, kennt und souverän für sich ausnutzt: Da ist einer verzweifelt genug über seine schwache Position, dass er sich nicht anders zu helfen weiß, als mich ohne Kaffee hier sitzen zu lassen. Da wirft einer mit Wattebällchen.

TIPP VERKÄUFER

Taktische Verhandlungsplanung – Überlassen Sie nichts dem Zufall!

▸ Vorbereitung ist alles:
  Mindset und Selbstvertrauen hängen davon ab!
▸ Investieren Sie Zeit in die Bewertung des Produktnutzens für Ihre Kunden, sonst lassen Sie Geld auf dem Tisch liegen.

- Schrecken Sie nicht davor zurück, für die Verhandlungsvorbereitung Tools zu nutzen, die Sie bei der Preisfindung unterstützen.
- Widerstehen Sie der Versuchung, über Preisnachlässe Marktanteile zu gewinnen, ohne sich über die kurz- und langfristigen Auswirkungen im Klaren zu sein.
- Vergessen Sie nicht, dass Sie es mit Menschen zu tun haben.
  Menschen machen Fehler – dies kann zu Ihrem Vorteil, aber auch zu Ihrem Nachteil sein.

„EXPEDITION" – ERFAHRUNGEN SAMMELN IN DER PRAXIS 10

SUMMARY

Am Berg lautet die oberste Regel: Ruhe bewahren und einen klaren Kopf behalten. Die Verhandlung beginnt! Sie verlassen nun die Phase der theoretischen Vorbereitung und wechseln in die Praxis. Ihr Verhandlungspartner sitzt Ihnen leibhaftig gegenüber und wird Ihrer Planung entweder folgen oder sie durchkreuzen wollen. Bleiben Sie ruhig, aber konzentriert! Nun hängt alles davon ab, wie gut es Ihnen gelingt, Ihren sehr gut vorbereiteten Plan umzusetzen und flexibel auf die taktischen Rafinessen Ihres Verhandlungspartners zu reagieren. Im folgenden Kapitel stellen wir Ihnen praxisnahe Feinheiten, Tricks und Details zur Verhandlungstechnik in den verschiedenen Phasen der Verhandlung vor und geben Ihnen weitere Tricks in Sachen Gesprächsführung, Moderation oder Auftreten an die Hand. Setzen Sie auf ihre Wirkung: Mit diesen taktischen Tools und Methoden können Sie sich flexibel und erfahren präsentieren und sich noch besser auf die bevorstehende Verhandlung einstellen.

Eigener Stil und Erfahrung

Das Ergebnis der Verhandlung hängt von Ihrem Verhalten in kritischen Situationen, Ihrer Flexibilität und Ihrer Fähigkeit ab, die geplante Strategie-Taktik-Kombination durchzusetzen. Je mehr Erfahrung (lernen aus vorherigen Verhandlungen) Sie haben, desto besser, da sie zu Flexibilität (eine Strategie und die entsprechende Taktik rasch anzupassen) oder einfach zu Intuition und Schlagfertigkeit führt.

Mit wachsender Erfahrung werden Sie Ihren bevorzugten Stil finden. Denken Sie an eine professionelle Nachbereitung und geben Sie sich im Team gegenseitig ehrliches Feed-back:

▶ Was hat gut/nicht geklappt? Warum?

▶ Konnte die geplante Strategie/Taktik umgesetzt werden? Wenn nein, warum nicht?

▶ Was kann an der Vorbereitung verbessert werden?

▶ Welche Informationen fehlten? Wo war die Argumentation unvollständig?

▶ Mit welchem Verhalten des Verhandlungspartners hat man nicht gerechnet?

▶ Was könnte man ändern? Wie/wann?

Betrachten wir zunächst einmal die verschiedenen Phasen, die jede Verhandlung mehr oder weniger ausführlich durch-läuft:

10.1 Phasen einer Verhandlung

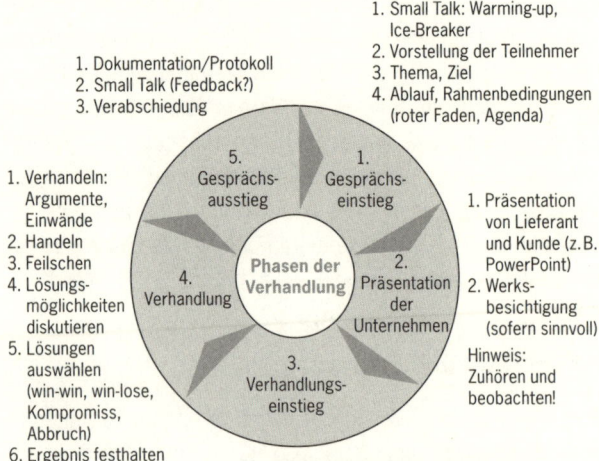

Abb. 28:
Phasen einer
Verhandlung

10.1.1 Gesprächseinstieg

Unterschätzen Sie nicht die Bedeutung eines guten Ge-sprächseinstiegs. Hier wird die gemeinsame Basis für das Gespräch gelegt, denn Sympathie spielt für den Ausgang der Verhandlung eine wichtige Rolle. Small Talk heißt nicht umsonst auch „Ice-Breaker". Brechen Sie also das Eis durch einen lockeren Gesprächseinstieg.

Außerdem bereiten Sie in dieser Phase die Teilnehmer auf die Verhandlung vor, indem Sie für die Stimmung sorgen, die Ihre Taktik unterstützt. Machen Sie bereits hier Ihre Vorstellungen vom Ablauf der Verhandlung deutlich. Beschreiben Sie die Agenda, den zeitlichen Rahmen und was Sie am Ende der Verhandlungsrunde erreicht haben wollen. Und nutzen Sie diese Phase dazu, sich selbst zu positionieren: als ernst zu nehmender, souveräner Verhandlungsführer.

10.1.2 Präsentation der Unternehmen

Geschäftspartner, die sich bereits kennen, werden sich nicht erst während einer Verhandlung über aktuelle Entwicklungen informieren. Aber egal, ob eine formale Präsentation vorgesehen ist oder nicht, es wird eine Phase geben, in der die Gesprächsteilnehmer zur eigentlichen Verhandlung überleiten. Oft werden jetzt Informationen zur Geschäftsentwicklung ausgetauscht und jeder versucht, sich und sein Unternehmen gut zu positionieren (VK: gute Auslastung, das Produkt ist ein Renner, die Kunden sind ausnahmslos begeistert …, EK: wir müssen sparen, die Kunden werden immer anspruchsvoller, unsere Geschäftsleitung fordert Produktivität …). Hören Sie in dieser Phase aufmerksam zu und beobachten Sie Ihre Gesprächspartner genau. Versuchen Sie herauszufiltern, was echt und was nur gespielt ist.

10.1.3 Verhandlungseinstieg

Jetzt profitieren Sie davon, wenn Sie sich von Anfang an als „Chef im Ring" in Position gebracht haben. Denn jetzt sind Sie als Verhandlungsführer gefragt. Wenn Ihre Rolle bis zu diesem Zeitpunkt noch nicht klar ist, fällt es Ihnen jetzt doppelt schwer, die Führung an sich zu reißen. Spätestens jetzt müssen Sie es aber tun, wenn Sie das Heft nicht aus der Hand geben wollen!

TIPP FÜR DEN VERKÄUFER

Wenn ein professioneller Einkäufer diese Rolle souverän an sich zieht, kann sich ein Verkäufer kaum dagegen wehren. Schließlich ist er der Kunde. Beharren Sie trotzdem auf der Beantwortung Ihrer Fragen und bringen Sie Ihre Argumente vor. Nur so können Sie dem Kunden den Nutzen bieten, den er sich von einem qualifizierten Lieferanten verspricht.

10.1.4 Verhandlung

Der Übergang in die eigentliche Verhandlung ist meist fließend. Informationen, Standpunkte und Argumente werden manchmal sehr zeitaufwendig ausgetauscht, ohne dass bereits verhandelt wird.

Beide Seiten tasten sich ab und versuchen, die Strategie der anderen Seite zu verstehen, gemeinsame Interessen auszuloten oder gegensätzliche Standpunkte zu erkennen. Bereits jetzt legt sich jeder im Geiste zurecht, wie eine Vereinbarung am Ende aussehen könnte.

In dieser Phase ist wichtig:

aktives Zuhören
Fragen

▶ dem Gespräch aufmerksam folgen, aktives Zuhören und richtiges Fragen,

Argumente, Gegenargumente und Einwände

▶ schlagkräftig argumentieren und kontern (Argumente, Gegenargumente und Einwände),

manipulieren
Manipulation und Tricks der Gegenseite

▶ den Gegner beeinflussen oder sogar manipulieren bzw. Manipulation und Tricks der Gegenseite erkennen,

Ruhe bewahren

▶ in kritischen Phasen Ruhe bewahren und Herr der Situation bleiben. Für eine Lösung brauchen Sie schließlich Ihren Verhandlungspartner.

10.1.5 Gesprächsausstieg

Alle Entscheidungen werden abschließend noch einmal so formuliert, wie sie von allen Beteiligten getragen werden. Dokumentieren Sie die Ergebnisse schriftlich (evtl. Unterzeichnung eines Verhandlungsprotokolls durch beide Parteien).

▶ Vergewissern Sie sich, dass die Verhandlungspartner das gleiche Verständnis vom Verhandlungsergebnis haben.

▸ Die einzelnen Punkte werden gemeinsam durchgegangen, bis man von einer Vereinbarung reden kann, d.h. bis beide Parteien zustimmen/zufrieden sind.

▸ Einigung über die juristischen, kommerziellen und technischen Bedingungen, das weitere Vorgehen.

Bevor Sie sich endgültig von Ihrem Verhandlungspartner verabschieden, stellen Sie sicher, dass auch die persönliche Beziehung (wieder) intakt ist. Beobachten Sie Ihr Gegenüber genau. Falls nötig, bauen Sie ihn auf („Sie haben es mir wirklich nicht leicht gemacht, mehr hätte ich nicht zusagen können"). Versuchen Sie, eine Rückmeldung von Ihrem Verhandlungspartner zu bekommen (Gesichtsausdruck, Körpersprache, „mit dem Ergebnis können wir doch alle zufrieden sein…", „das war aber eine verdammt harte Verhandlung …"). Versuchen Sie, ein Feedback zu bekommen, das Sie für die Nachbereitung mit Ihren Kollegen/für zukünftige Verhandlungen nutzen können. Wenn Ihr Geschäftspartner einen sehr unzufriedenen Eindruck macht, haben Sie ihn wohl an seine Schmerzgrenze gebracht. Wenn er allzu entspannt ist, war Ihr Verhandlungsziel wohl nicht ambitioniert genug.

Besprechen Sie Ihre Beobachtungen in Ihrem Verhandlungsteam. Decken sich die Eindrücke? Und halten Sie Ihre Erkenntnisse schriftlich fest. So erhalten Sie wertvolle Hinweise für Ihre nächste Verhandlung mit diesem Geschäftspartner.

10.2 Tipps und Tricks aus unserer persönlichen Praxiserfahrung

Im Laufe unseres Berufslebens haben auch wir praktische Erfahrungen gesammelt und für uns wichtige Schlüsse daraus gezogen. Die folgenden Ausführungen sollen Ihnen als Anregungen und Tipps dienen: Worauf kommt es bei der Umsetzung der geplanten Taktik an und worauf sollten Sie bei der Analyse Ihres Gegenübers achten?

10.2.1 Verhalten in kritischen Situationen
Wenn Sie nicht wissen, worauf Ihr Verhandlungspartner hinaus will, fragen Sie nach und versuchen Sie zu klären, was

er plant. So können Sie außerdem auch Zeit gewinnen, um zu überlegen, was Sie als Nächstes tun wollen (*siehe Einwände/Nachfragetechnik*).

▸ Sie müssen nicht auf alles eine Antwort geben: „Bevor ich nicht weiß, worauf Sie hinauswollen, kann ich Ihnen nichts dazu sagen!"

▸ Stellen Sie Gegenfragen.

▸ Lassen Sie sich nicht in die Enge treiben – kontern Sie:
  ▷ Was hat das jetzt damit zu tun?
  ▷ Worauf wollen Sie hinaus?
  ▷ Wie soll ich das verstehen?

▸ Behandeln Sie Einwände/Argumente professionell.

▸ Verlangen Sie konkrete Beweise und Fakten.

▸ Vertreten Sie Ihren Standpunkt selbstbewusst.

▸ Verteidigen und rechtfertigen Sie sich nicht:
  ▷ Nicht in die Defensive drängen lassen.
  ▷ Ruhig bleiben, nicht die Nerven verlieren.

▸ Lassen Sie sich nicht durch manipulative Techniken blenden (siehe Abschnitt „Manipulation").

▸ Versuchen Sie, Zeit zu gewinnen.

▸ Lenken Sie das Gespräch auf andere Themen.

Bei all dem „Gezerre" um Positionen dürfen Sie jedoch eines nie vergessen: Sympathie beeinflusst jede Verhandlung, denn Entscheidungen haben immer auch emotionale Gründe. Die Aussage „zu teuer" ist häufig ein Vorwand, wenn die Beziehung schlecht ist und Sympathie und Respekt fehlen. Besonders wichtig wird dieser Aspekt, wenn Ihr Produkt austauschbar ist, die Beziehung zu Ihrem Kunden also das einzige Alleinstellungsmerkmal ist.

Deshalb sind folgende Punkte wichtig:

▸ Mensch und Sache trennen: auch Menschen, die Ihnen unsympathisch sind, für sich gewinnen

▸ Aufmerksam und aktiv zuhören

▸ Eigenarten akzeptieren/tolerieren

▸ Verständnis zeigen, offenen Widerspruch vermeiden, aber nicht „schleimen"

▸ Nach Gemeinsamkeiten suchen

▶ Kunde/Mensch individuell ansprechen, echtes Interesse zeigen

TIPP FÜR DEN VERKÄUFER

Damit Letzteres gelingt, ist es hilfreich, Informationen zu Interessen, Vorlieben usw. zu dokumentieren: Pflegen Sie Ihre Kundendaten, auch mit persönlichen Informationen.

TIPP FÜR DEN EINKÄUFER

Das können Sie doch auch, oder?

10.2.2 Fragetechnik

Wir sagten ja bereits: Wer fragt, der führt. Nutzen Sie Fragen geschickt in Ihrem Sinne!

Geschlossene Fragen
▶ Fragen, die mit „Ja" oder „Nein" beantwortet werden
▶ Basieren oft auf „haben" und „sein"
  ▷ Sind Sie ...? Haben Sie ...? Können Sie ...?
▶ Wählen Sie geschlossene Fragen, wenn Sie:
  ▷ eine Entscheidung herbeiführen/einen Vielredner stoppen wollen,
  ▷ jemanden aus der Reserve locken wollen („die „Würmer aus der Nase ziehen"),
  ▷ ein Thema logisch strukturieren wollen.
▶ Vorsicht: Bei zu vielen geschlossenen Fragen bekommt das Gespräch den Charakter eines Kreuzverhöres.

Offene Fragen
▶ Fragen, die zwar die Richtung für die Antworten vorgeben, aber dem Antwortenden viel Freiheit für die Antwort gewähren
▶ Fragen, die in ganzen Sätzen beantwortet werden müssen
▶ Fragen, durch die man umfangreiche Informationen erhält und sich ein Bild von einer Situation machen kann

Sind Sie ...?
Haben Sie ...?
Können Sie ...?

181

▶ Fragen, die durch die W-Fragewörter eingeleitet werden:

   ▷ Wer, wann, wo, wie, was?

   ▷ Warum, wieso, weshalb vorsichtig einsetzen: kann als indirekter Vorwurf aufgefasst werden.

Formulieren Sie geschlossene Fragen in öffnende Fragen um! Wie Sie hier sehen, bekommen Fragen dadurch häufig einen völlig anderen Charakter.

statt: „Werden Sie pünktlich liefern?"
      „Wie stellen Sie Liefertermine sicher?"

statt: „Wird es es Probleme geben?"
      „Welche Probleme könnten auftreten?"

statt: „Sehen Sie das auch so?"
      „Wie sehen Sie das?"

statt: „Brauchen Sie noch Unterlagen?"
      „Welche Unterlagen brauchen Sie, um weiterzumachen?"

statt: „Wissen Sie, dass der Mitbewerber preiswerter ist?"
      „Was glauben Sie, wo der Wettbewerb liegt?"

statt: „Ist noch ein Preisnachlass möglich?"
      „Welchen Preisnachlass können Sie mir geben?"

Mit Fragen können Sie ganz unterschiedliche Ziele verfolgen:

▶ Informationsfrage – Eine Frage, um Informationen zu bekommen. Meistens wertfrei, ohne Manipulationsabsichten.

   ▷ *Wie lange ist Ihre Lieferzeit?*

▶ Rhetorische Frage – Frage, bei der keine Antwort erwartet wird, da sie vom Fragenden gleich selbst beantwortet wird, das Denken aber in eine bestimmte Richtung gelenkt wird.

   ▷ *Dass der Preis zu hoch ist, ist wohl unstrittig, oder (?), also lassen Sie uns überlegen…!*

▶ Gegenfrage – Eine Frage direkt mit einer Frage beantworten. Kann genutzt werden, um Zeit zu gewinnen, die andere Seite in Bedrängnis zu bringen oder sich selbst aus einer Engpasssituation zu befreien. Nutzt man vorwiegend, wenn man keine Antwort geben kann oder will.

▷ *Wie stellen Sie sich das denn vor? Wie könnten Sie sich das denn vorstellen?*

▸ Kontrollfrage – Instrument des Gesprächsführers. Dient der Kontrolle des Gesprächsstatus, der bisher erlangten Informationen, der Gesprächsatmosphäre. Werkzeug des aktiven Zuhörens.

Kontrollfrage

▷ *Sind wir also alle einer Meinung, dass …?*

▸ Alternativfrage – Oder-Fragen, die dem Befragten die Wahl zwischen zwei Antworten erlauben; möglichst positive Alternativen formulieren. Häufig wird das „Weder – noch" nicht in Erwägung gezogen.

Alternativfrage

▷ *Also, bekommen wir nun Skonto oder geben Sie uns lieber einen Preisnachlass?*

▸ JA-Reihe-Fragen – Aneinanderreihung mehrerer Ja-Fragen, mit dem Ziel bei einer letzten Frage bzw. suggestiven Feststellung ebenfalls ein Ja zu erzielen.

JA-Reihe-Frage

▷ *Sind Sie denn nun grundsätzlich an einer Lösung interessiert?*

▷ *Sind Sie auch an einer partnerschaftlichen Zusammenarbeit interessiert?*

▷ *Denken Sie nicht auch, dass Partner eine Lösung finden müssten?*

▷ *Könnten Sie sich vorstellen, dass …?*

▸ Ermutigungsfrage – Die andere Seite soll motiviert werden, sich zu öffnen. Wird positiv formuliert und soll positive Atmosphäre herstellen. Wird genutzt, um „trotzige Kinder" an den Verhandlungstisch zurückzuholen.

Ermutigungsfrage

▷ *Ich sehe, dass Sie sauer sind, da bin ich wohl zu weit gegangen, worüber ärgern Sie sich denn genau?*

▸ Provozierende Frage – Sie greifen Ihr Gegenüber an und ermutigen die andere Seite, etwas Unüberlegtes zu sagen. Negative Atmosphäre, unfair; nur in Ausnahmefällen anwenden.

provozierende Frage

▷ *Können Sie nicht oder wollen Sie nicht?*

▸ Suggestivfrage – Gesprächspartner soll im Sinne des Fragers beeinflusst werden. Insbesondere anwendbar, wenn Feststellungen getroffen werden können.

Suggestivfrage

▷ *Das muss doch jeder mit Sachverstand so sehen, oder?*

183

Fangfrage

▸ Fangfrage – Frage, die Ihr Gegenüber in eine Falle locken kann. Anwenden, wenn man die Antwort nicht direkt erfragen kann oder bereits kennt.

▹ *Wie läuft denn das Produkt so bei der Konkurrenz? (wenn das Produkt nicht läuft, man dies aus anderen Quellen weiß und die „Tolle Produkt"-Argumentation zum Einstürzen bringen will.)*

HINWEISE ZUM GEBRAUCH VON FRAGEN

▸ Eingliedrig fragen. Frageketten laden zum Ausweichen förmlich ein.

▸ Kurze Fragen stellen. Bandwurmfragen rufen oft Bandwurmantworten hervor.

▸ Präzise Fragen ergeben präzise Antworten.

▸ Verständlich fragen. Fachbegriffe und Fremdwörter vorsichtig einsetzen.

▸ Akzentuiert fragen, Fragen mit Blickkontakt und entsprechender Gestik verbinden.

▸ Richtige Fragen lenken den Partner in Denkbahnen, die Sie bereits auf Richtigkeit und Sinn überprüft haben.

▸ Führen Sie mit Fragen durch Ihre Argumentation. Überzeugen Sie durch die richtigen Fragen, anstatt selbst zu argumentieren.

▸ Hören Sie „aktiv" bei den Antworten zu.

▸ Nach der Frage eine Pause einlegen: Gelegenheit zur Antwort geben. Stille eventuell aushalten. Nicht durch Erklären der Frage die Frage abschwächen. Der Ball liegt auf der anderen Seite!

10.2.3 Praxistipps für überzeugendes Argumentieren

▸ Vermeiden des reinen Aufzählens zu vieler Argumente hintereinander, stattdessen Merkmale/Fakten mit Nutzenargumenten verbinden:

▹ damit können sie ..., das bedeutet für Sie ..., das garantiert Ihnen ..., so sparen Sie ...

▸ Beziehen Sie Ihren Kunden in die Nutzenanalyse mit ein

▷ Erst fragen, dann argumentieren, vgl. Arzt: erst Diagnose, dann Therapie

▷ Was können wir hier für Sie tun? Was würde Ihnen weiterhelfen? Was erwarten Sie von uns?

▸ Formulieren Sie verständlich:

▷ Fach-, Branchen-, Firmenjargon nicht übertreiben.

▷ kein „Blabla", keine Worthülsen.

▷ Vorsicht bei übertriebenen Anglizismen.

▸ Formulieren Sie anschaulich und überzeugend:

▷ konkret: „So sparen Sie 8 bis 10 % im Jahr."

▷ bildlich: „Die Maschine ist zuverlässig" versus „Es ist wahrscheinlicher, dass es in der Wüste schneit, als dass die Maschine ausfällt."

▸ Argumentieren Sie in der Sprache Ihrer Kunden:

▷ kunden- und branchenspezifische Sprache

▷ Sprache der Qualitätsfachleute, Techniker, Kaufleute, Juristen etc.

▸ Treffend argumentieren: Trümpfe ausspielen

▷ besser zwei oder drei relevante Argumente als zehn, die ins Leere gehen.

10.2.4 Einwände

Jeder Einwand baut eine Barriere zwischen den Verhandlungspartnern auf. Darum ist es wichtig zu wissen, welche Einwände es gibt und welche Art von Einwand im konkreten Fall vorliegt. Die unterschiedlichen Arten von Einwänden können Sie selbst nutzen, Sie sollten aber in jedem Fall erkennen, wenn Ihr Gegenüber Sie nutzt:

▸ Sachlicher Einwand, der auf Tatsachen und Fakten basiert: „Die geforderte Lieferzeit schaffen wir nicht, weil unsere Produktionskapazitäten momentan ausgelastet sind."

▸ Scheinargument, Pauschalisierung: „Jeder weiß doch, dass die Rohstoffpreise gerade durch die Decke schießen."

▸ Vorwand; ein vorgeschobener Einwand statt des tatsächlichen Grundes: „Unser Budget erlaubt diesen Preis nicht", als Vorwand für „Das ist mir zu teuer, da stehe ich schlecht da."

▶ Emotionale Weigerung

„So brauchen Sie mir mit Ihrer Preiserhöhung schon mal gar nicht zu kommen!"

Sie entscheiden, mit welcher Technik Sie den Einwänden Ihres Gegenübers begegnen wollen. Diese Techniken zur Einwandbehandlung und Argumentation sind die Spielregeln des Argumentespiels, vergleichbar den Spielregeln beim Schach oder beim Skat.

a) Nachfragen

▶ Sachliche Einwände, sprich sachliche Gründe, warum etwas nicht so funktioniert, wie Sie es sich vorstellen, erfordern Lösungen. Um diese Lösungen zu finden bzw. zu erarbeiten, braucht man Informationen. Diese Informationen finden Sie, indem Sie die richtigen Fragen stellen. Diese könnten so gestellt werden:

▷ „Was meinen Sie genau damit?"

▷ „Wenn das so nicht geht, wie könnte es Ihrer Meinung nach funktionieren?"

▷ „Was können wir tun, um das Problem zu beheben?"

▷ „Was würden Sie denn vorschlagen?"

▶ Diese Technik verwenden Sie auch, wenn Sie Zeit gewinnen wollen oder den Widerstand der Gegenseite nicht ganz verstehen und vom anderen noch mehr über seine Bedenken hören wollen.

▷ „Wenn ich Sie recht verstehe, dann meinen Sie ..."

▷ „Habe ich Sie richtig verstanden, dass die ...?"

▷ „Können Sie mir Ihre Bedenken genauer erklären?"

▷ „Können Sie das im Detail erläutern?"

▶ Im Normalfall wird ihr Gegenüber Ihnen nun noch einmal erläutern, warum er Ihnen nicht zustimmt. Das verschafft Ihnen Zeit.

▶ Diese Technik können Sie auch anwenden, wenn Sie spüren, dass der andere mit seinen Einwänden übertreibt. Durch Ihre Rückfrage können Sie die Sache schon etwas abmildern. Oft wird die Gegenseite dann vorsichtiger formulieren, gerade wenn Sie durch Ihre Rückfragen zeigen, dass sie etwas über das Ziel hinausgeschossen ist.

b) *„Ja, aber"-Technik*

▶ Bei der „Ja, aber"-Technik nehmen Sie den Einwand bzw. das Argument der Gegenseite auf, verbinden dieses jedoch sofort mit einem für Sie günstigen, im besten Fall stärkeren Argument. Schlagen Sie die Karte der Gegenseite mit einem Trumpf und nehmen den Stich mit nach Hause.

▶ Die „Ja, aber"-Technik kann auch eine Blockadehaltung Ihres Verhandlungspartners verhindern. Sie bestätigen zunächst, dass er ein gutes Argument bzw. einen berechtigten Einwand vorgebracht hat. Deshalb muss darüber auch nicht gestritten werden. Durch das anschließend von Ihnen vorgebrachte Argument geben Sie dem Gespräch eine andere und für Sie günstigere Richtung.

▶ Damit es nicht zu monoton wird, gibt es auch noch andere Formulierungen:

▷ „Ja…, allerdings…/Stimmt…, jedoch…/Natürlich…, gleichwohl…!"

▶ Diese Technik können Sie auch anwenden, wenn Ihr Gegenüber ein starkes Argument gebracht hat. Kombinieren Sie es mit einem noch stärkeren eigenen Argument, auch wenn dieses inhaltlich gar nichts mit dem Einwand der Gegenseite zu tun hat.

▷ „Richtig, die Kosten sind gestiegen, aber Ihre Konkurrenten haben deswegen die Preise auch nicht angehoben."

(Hier wird das Kostenargument der Gegenseite mit dem eigenen Wettbewerbsargument verknüpft.)

c) *Verlust-Ausgleichs-Technik*

▶ Diese Technik können Sie anwenden, wenn Ihr Verhandlungspartner mit seinem Einwand tatsächlich (offensichtlich) recht hat. Dann sollten Sie sich gar nicht erst auf einen Kampf einlassen. Sie können Ihr Gegenüber sowieso nicht überzeugen. Unter Umständen machen Sie sich unglaubwürdig. Stellen Sie einen Ausgleich für seinen Nachteil in Aussicht.

▶ Versuchen Sie einen vorteilhafteren Aspekt zu finden und bringen Sie Ihr Gegenüber dazu, die Sache von einer anderen Seite zu betrachten.

▷ „Natürlich ist die Preiserhöhung erst mal schwer zu verdauen. Aber denken Sie auch daran, dass wir ständig in neue Technologien und Know-how investieren, welches Ihnen direkt zugute kommt."

▶ Unter Umständen bieten Sie einen Deal an. Dafür ist es auch gut, sich ein wenig Verhandlungsmasse in Form von Zugeständnissen bereitzulegen.

▷ „Ich sehe ein, dass Ihre Kosten gestiegen sind. Wir sind daher bereit, Ihnen bezüglich der Zahlungsbedingungen entgegenzukommen."

d) Den Wind aus den Segeln nehmen

▶ Diese Technik ist eine vorbeugende Maßnahme. Sie ist anzuwenden, wenn Sie wissen oder spüren, mit welchen Einwänden Ihr Gegenüber argumentieren wird, um seinen Standpunkt durchzusetzen.

▶ Bevor er jetzt seine Bedenken und Einwände verbal äußert, sprechen Sie diese bereits an und können sie sofort entkräften oder widerlegen (den Wind aus den Segeln nehmen).

▶ Sie versuchen so vorbeugend zu verhindern, dass sich die Gegenseite auf einen Standpunkt versteift oder sich in eine Sackgasse manövriert und so das Gesicht verliert. Am besten, Ihr Gegenüber traut sich nun gar nicht mehr, sein Argument vorzubringen.

▶ Achten Sie darauf, dass Sie dem anderen Ihre Einwände nicht plump unterstellen („Sie wollen sicherlich sagen, dass ..."), sondern ganz neutral in der „Man"-Form aussprechen.

▷ „Man könnte hier argumentieren, dass ..."; „Aber wir wissen doch alle, dass ..."

▷ „Gestern habe ich gehört, dass ..."; „Wir jedoch denken ..."

e) Hoch- und Runterrechnen

▶ Hier versuchen Sie die Kraft des Einwandes zu verkleinern, indem Sie ihn in Relation zu etwas Kleinerem stellen.

▷ *Verhandlungspartner*: „Das kostet über 1.000 Euro mehr als die im Angebot beschriebene Lösung!"
  Sie: „Ja. Das sind umgerechnet auf die Laufzeit pro Tag aber nur 30 Cent mehr. Das heißt, für 30 Cent am Tag bekommen Sie …!"

▶ Jetzt wird der andere hoffentlich darüber nachdenken, ob er wirklich wegen Cent-Feilscherei auf den Vorteil verzichten will.

▶ Vorsicht! Ein schlagfertiger Verhandlungspartner kann die Sache blitzschnell umdrehen und entgegnen, warum Sie eigentlich so kleinlich sind und darauf bestehen, die 30 Cent pro Tag unbedingt haben zu wollen!

▶ Man kann nicht nur mit Geldbeträgen, sondern auch mit anderen Maßeinheiten, wie aufzuwendender Zeit oder Arbeitsbelastung arbeiten.

  ▷ *Verhandlungspartner*: „Dafür müssen wir noch mal 2 Tage Konstruktionsaufwand reinstecken!"
  Sie: „Das ist nicht mal eine Minute pro Tag, bei einem 2-Jahres-Auftrag."

▶ Man kann die Relationstechnik natürlich auch umdrehen und Dinge dadurch vergrößern:

  ▷ „Sie sparen mit der neueren Maschine pro Produktzyklus 0,7 Cent. Das sind bei 350.000 Bauteilen…"

f) *„Später"-Technik*

▶ Bei dieser Möglichkeit hoffen Sie entweder auf die Vergesslichkeit des anderen und / oder auf eine spätere Idee, wie Sie mit dem Thema umgehen wollen (Zeitgewinn). Sie wenden diese Technik an, wenn Sie grundsätzlich oder im Moment nichts zu dem vorgebrachten Einwand sagen können oder wollen. Oft erledigen sich Probleme, wenn man sie nur lange und oft genug nach hinten schiebt.
Beispiel: „Das ist alles wichtig und wir können gerne nachher darauf ausführlich eingehen. Aber lassen Sie uns zuerst …" Wenn Sie Glück haben, fällt dem anderen nicht mehr ein, welcher seiner Einwände am Schluss der Verhandlung noch offen ist.

▸ Versuchen Sie, nicht den Eindruck zu vermitteln, dass Sie der Sache bewusst ausweichen und nur auf die Vergesslichkeit Ihres Gegenübers hoffen. Dann kann es sein, dass er misstrauisch wird und beharrlich jeden weiteren Fortschritt der Verhandlungen behindert, bis Sie auf seinen speziellen Einwand eingehen.

▸ Diese Technik funktioniert häufig nicht bei Problemen, die dem anderen sehr wichtig sind. Dann wird er bei diesem Thema wahrscheinlich nicht vergesslich sein und darauf zurückkommen. Aber Sie haben mindestens Zeit gewonnen.

g) Erfahrungstechnik

▸ Diese Technik können Sie anwenden, wenn Ihr Gegenüber mit Pauschalisierungen und Phrasen daherkommt. Tun Sie es ihm gleich und schlagen Sie ihn mit seinen eigenen Waffen. Argumente, die zwar stimmen, aber nicht mit Fakten untermauert sind, lassen sich so unter Umständen widerlegen oder zumindest abschwächen.

▷ *Verhandlungspartner*: „Sie wissen doch selbst, dass Qualität nun mal kostet!"

Sie: „Nach meiner Erfahrung ist es genau andersherum. Wer gute Qualität hat, ist besonders günstig. Qualität senkt die Kosten, alles andere ist doch Quatsch!"

▷ *Verhandlungspartner*: „Sie wissen doch selbst, dass die Preise nachgeben!"

Sie: „Ich weiß nicht, wo Sie Ihre Recherchen machen, aber nach meinen Informationen haben unsere wichtigsten Wettbewerber alle Preiserhöhungen angekündigt."

▸ Sie können diese Technik auch anwenden, wenn Sie versuchen wollen, Ihrem Gegenüber zu vermitteln, dass andere mit dem, was Sie vertreten, bereits erfolgreich waren.

▷ *Verhandlungspartner*: „Das ist mir alles viel zu kompliziert. Dem kann ich nicht zustimmen."

Sie: „Die Meinung, dass dies sehr kompliziert ist, hören wir bei IT-Fachleuten häufiger. Lassen Sie mich kurz erklären, warum wir trotz des Aufwandes mit unserem Verfahren der elektronischen Bestellungen sehr erfolgreich waren."

h) Verständnistechnik

▶ Diese Technik ist erfolgreich, wenn Sie spüren, dass Ihr Verhandlungspartner mit inneren oder emotionalen Widerständen kämpft, diese allerdings noch nicht geäußert hat. Vielleicht traut er sich nicht oder er ist wütend und zieht sich deshalb zurück. Das ist erst einmal schlecht für Sie! Sie bekommen deshalb bestimmte Zugeständnisse nicht, weil er schlicht nicht will.

▶ Wenn er seine Zweifel, Bedenken oder Vorurteile nicht äußert, können Sie die Barrieren auch nicht überwinden. Sie müssen also Ihr Gegenüber zum Reden bringen und ihn an den Verhandlungstisch zurückholen. Wenn er wieder offen ist, können Sie ganz vorsichtig den Druck erneut erhöhen.

  ▷ „So ganz zufrieden sind Sie noch nicht, oder?"
  ▷ „Ich glaube, Sie haben noch Zweifel, oder?"
  ▷ „Sie ärgern sich, oder? Das tut mir leid, das wollte ich nicht. Was kann ich tun?"
  ▷ „Sind damit alle Ihre Fragen für Sie vollständig beantwortet?"

▶ Wer nichts mehr sagt, ist nicht unbedingt überzeugt und hat noch lange nicht zugestimmt.

▶ Gerade bei partnerschaftlich geprägten Verhandlungen bemüht man sich, die Widerstände der Gegenseite zu überwinden und zu einem langfristig überzeugenden Verhandlungsergebnis zu kommen. Ein schlechter Verhandlungspartner zielt auf kurzfristige rhetorische Siege. Verzichten Sie besser darauf!

Deuten Sie Einwände richtig!
Hören und schauen Sie genau hin:

Deuten Sie Einwände richtig!

▶ Was sagt der Verhandlungspartner tatsächlich?
  ▷ „*Eigentlich* kann ich das nicht vertreten", „damit sind wir *fast* am Limit", „das wird *schwierig*" (ist aber eben nicht unmöglich!) etc.

▶ Wie sagt Ihr Gegenüber es?
  ▷ Stimmen Körpersprache und Botschaft überein?

▶ Was sagt der Verhandlungspartner nicht? Droht der Einkäufer mit einem Alternativangebot? Wenn er seine Trumpfkarte nicht spielt, hat er sie vielleicht nicht.

10.2.5 Manipulation

Um sich gegen Manipulation wehren zu können, muss man diese erst einmal erkennen. Dann können Sie die Absichten des Manipulators durchkreuzen und sich wehren. Unter Manipulation verstehen wir hier, das Denken und die Meinung des Verhandlungspartners zu den eigenen Gunsten zu beeinflussen. Oft passiert dies unterschwellig und suggestiv, ohne dass der andere sich dessen bewusst ist. Unbewusst machen wir das eigentlich ständig, aber bewusst eingesetzt mag das eine fragwürdige Methode sein. Dennoch: Wer fragt nach den Mitteln, wenn der Zweck heilig ist? Außerdem macht es Sinn, sich damit zu beschäftigen, damit man selber erkennt, wenn der Verhandlungspartner bewusst oder unbewusst zu diesen Mitteln greift. Ob Sie damit arbeiten wollen, entscheiden in letzter Konsequenz sowieso Sie.

Manipulation geschieht oft auch unbewusst.

TIPPS ZUM UMGANG MIT MANIPULATIONEN

▶ Nicht emotional reagieren, sachlich und fair kontern.
▶ Nicht vom Weg abbringen lassen, nicht das eigene Ziel aus den Augen verlieren.
▶ Bleiben Sie Ihrem persönlichen Stil treu.
▶ Versuchen Sie das Gespräch auf die Sachebene zurückzubringen.
▶ Bauen Sie Brücken, über die Ihr Gegenüber ohne Gesichtsverlust wieder auf Ihre Seite gelangt.

a) Präzisionssuggestion
Ihr Verhandlungspartner arbeitet in diesem Fall mit Fakten oder Behauptungen, die er zunächst nicht weiter belegt. Der Trick dabei ist, dass diese Fakten so exakt formuliert werden, dass Sie überhaupt nicht auf die Idee kommen, diese könnten nicht stimmen. Ihnen wird suggeriert, dass viel Gehirnschmalz, Nachdenken und Abwägen dahinterstecken. Ein

Beispiel dafür sind Angaben auf Kommastellen genau oder Prozentangaben.

Das können Sie natürlich so nicht stehen lassen. Wenn jemand so genaue Zahlen nennt, kann er sicher auch mit Daten und Fakten erklären, wie er dazu kommt.

Präzise Zahlen sollen Überlegenheit suggerieren.

Die Präzisionssuggestion erkennt man an Formulierungen wie:

▶ „Kosten für Rohstoffe sind bei uns im letzten Jahr um 15 Prozent gestiegen. Daher müssen wir auch unsere Preise anheben."

▶ „… deshalb sehen wir uns gezwungen, unsere Preise um 3,7 Prozent anzuheben …"

▶ „Wir kalkulieren das Material mit 42 Prozent …"

▶ „Unser Deckungsbeitrag beträgt nur noch 0,8 Prozent."

Die Präzisionssuggestion kontert man mit Formulierungen wie:

▶ „Dann lassen Sie uns doch mal die konkrete Materialpreiskalkulation durchgehen."

▶ „Damit ich das verstehe, würde ich gerne wissen, wie sich die 3,7 Prozent zusammensetzen."

▶ „Welchen Anteil haben die Rohstoffe in Ihrer Kalkulation?"

▶ „Lassen Sie uns das einmal konkret durchrechnen."

b) Autoritätenmethode

Bei dieser Methode versucht der Verhandlungspartner, seinen Aussagen besonderes Gewicht zu verleihen, indem er sich auf Autoritäten wie anerkannte Persönlichkeiten, Experten, Fachleute oder Institutionen bezieht.

Er versucht Widerspruch oder Nachfragen zu verhindern, weil er davon ausgeht, dass Sie nicht den Mut haben, diesen ausgewiesenen Fachleuten zu widersprechen.

Da Sie nun aber nicht wissen, ob diese Autoritäten wirklich die Aussagen Ihres Verhandlungspartners untermauern bzw. in welcher Weise sie sich geäußert haben, sollten Sie das auf alle Fälle hinterfragen.

Eine Variante der Autoritätenmethode, die gerne von eitlen und wichtigtuerischen Verhandlungspartnern genutzt wird,

name dropping ist das sogenannte „name dropping". Das darf aber nicht plump wirken, sondern sollte so raffiniert eingesetzt werden, dass ein geschickter Verhandlungspartner Sie nicht als Angeber entlarven kann.

Unbewusst sollen Sie dazu verleitet werden, die Behauptungen widerspruchslos hinzunehmen, da Ihr Verhandlungspartner davon ausgeht, dass Sie die Meinung von namhaften Fachleuten/Autoritäten sowieso nicht anzweifeln.

Es gibt Antworten, die Sie geben können, die die Autorität der Fachleute nicht infrage stellen, Ihrem Gegenüber aber den Wind aus den Segeln nehmen. Wie deutlich Sie werden, hängt von Ihren Intentionen ab.

Die Autoritätenmethode erkennt man an Formulierungen wie:
- „Da können Sie jeden erfahrenen Kaufmann/Ingenieur fragen…"
- „In einer Studie des VDMA hat man herausgefunden …"
- „Ihre eigenen Techniker sagen doch selber …"
- „Als mich Dr. Wichtig neulich um Rat gefragt hat …"
- „Haben Sie denn nicht den Artikel in der Financial Times über den Stahlpreisanstieg gelesen?"

Die Autoritätenmethode kontert man mit Formulierungen wie:
- „Das ist interessant, können Sie mir den Artikel/die Studie mal zukommen lassen?"
- „Beeindruckend! Das interessiert mich auch. Auf welcher Seite steht denn das? Ich möchte das nachher noch einmal ganz genau nachlesen."
- „Mir haben unsere Techniker etwas ganz anderes erzählt…"
- „Dr. Wichtig wird uns hier an dieser Stelle nicht weiterhelfen."

c) „Ist doch klar"-Schwindel
Mit dieser Taktik versucht Ihr Verhandlungspartner, Sie einzuschüchtern, indem er bestimmte Sachverhalte oder Zusammenhänge für offensichtlich erklärt.

Wenn Sie nun doch noch Zweifel oder Fragen haben, kann es nur daran liegen, dass Sie zu dumm sind, das Offensichtliche zu erkennen. Wer nun Angst hat, als Dummkopf dazustehen, wird nichts sagen. Wer nun auch noch einen Minderwertigkeitskomplex entwickelt, hat verloren.

Zu dieser Taktik, Ihnen die Wahl zu lassen, entweder unklare Argumente hinzunehmen oder sich selbst als dumm zu zeigen, gehört übrigens auch der hinterhältige Trick, Fremdwörter und Abkürzungen zu verwenden. Ihr Gegenüber tut so, als müsse jeder normale Mensch wissen, was in ZPE, VOB oder GFFW beschrieben ist.

Mit Abkürzungen den anderen bloßstellen.

Sie outen sich nicht als dumm, wenn Sie nachfragen. Im Gegenteil! Ihr Verhandlungspartner wird Sie sehr viel mehr respektieren, wenn Sie solchen Spielchen Widerstand entgegensetzen. Jedem, der nachfragt, um solchen Schwindel zu entlarven, und dabei Gefahr läuft, sich zu blamieren, sollte man Hochachtung zollen.

Außerdem werden Sie vermutlich erleben, dass in den meisten Fällen die Person, die sich solche Undurchsichtigkeiten geleistet hat, selbst ins Stammeln gerät, wenn sie einmal erklären muss, was sie nicht erklären wollte.

Ob flapsig, ironisch, sachlich oder übertrieben naiv, Ihre Nachfrage wird Ihren Verhandlungspartner warnen, sich bei Ihnen mit dieser Taktik in Zukunft zurückzuhalten. Er erkennt, dass Sie nicht durch angebliche „geistige Überlegenheit" eingeschüchtert sind, sondern sehr scharf analysieren, wie man Ihnen gegenüber argumentiert.

Den „Ist doch klar"-Schwindel erkennt man an Formulierungen wie:

- ▶ „Es ist doch offensichtlich, dass …"
- ▶ „Es liegt doch auf der Hand, dass …"
- ▶ „Wie heute jeder weiß, ist …"
- ▶ „Nach VOB ist vorgeschrieben …"
- ▶ „Da können Sie jeden fragen."

Den „Ist doch klar"-Schwindel kontert man mit Formulierungen wie:

► „Ich frage nicht jeden, ich frage Sie."
► „So offensichtlich ist das durchaus nicht. Erklären Sie mir es doch mal bitte."
► „Ja, dazu würde ich gern einmal im Detail hören, wie Sie die Sache einschätzen."
► „Wofür stehen die Buchstaben GFFW eigentlich genau?"
► „Halten Sie mich gerne für dumm, aber das hätte ich von Ihnen gern noch einmal auf Deutsch gehört."
► „Das wundert mich, dass Sie in diesem Zusammenhang diesen Begriff verwenden. Was verstehen Sie genau darunter?"
► „Doch, ich glaube schon, dass man darüber reden muss. Wie ist da eigentlich genau Ihre Sicht?"
► „Nee, auf meiner Hand liegt das nicht. Das müssen Sie mir schon erläutern, was bei Ihnen auf der Hand liegt."

d) Schwurtaktik

Mit der Schwurtaktik wird gerne gespielt/gelogen – das wissen wir zumindest aus der Politik. Ihr Verhandlungspartner will damit erreichen, dass Sie seine Worte widerstandslos akzeptieren und auf keinen Fall kritisch hinterfragen.

„Ich gebe Ihnen mein Ehrenwort!"

Das tut er, weil er lügt, selbst nicht so genau Bescheid weiß oder pokert. Er hofft, dass Sie seinem Anstand oder seinem Sachverstand glauben.

Für den Fall, dass Sie nicht glauben, was er sagt, sollen Sie wenigstens widerstandslos akzeptieren und ihn nicht mit kritischen Fragen in Schwierigkeiten bringen. Ihr Verhandlungspartner lässt Ihnen also die Wahl, ihm brav zuzustimmen oder seinen Sachverstand infrage zu stellen und ihn zu beleidigen. Da Sie gut erzogen sind oder sich das nicht trauen, schweigen Sie lieber zu dem, was Sie sehr wohl hinterfragen könnten – das hofft zumindest Ihr Verhandlungspartner.

Die wenigsten Menschen mögen gegen Ehrbeteuerungen anderer angehen. Darauf bauen z. B. auch windige Finanzberater, die das gezielt in ihren Trainings lernen.

Solche Ehrbeteuerungen werden besonders gerne Menschen mit sympathischer und verbindlicher Ausstrahlung geglaubt und Menschen, die mit sehr guten Manieren und gepflegter Kleidung daherkommen. Lassen Sie sich davon nicht einwickeln!

Die Schwurtaktik erkennt man an Formulierungen wie:
▶ „Ich gebe Ihnen mein Ehrenwort."
▶ „Ich lüge bestimmt nicht, wenn ich sage …"
▶ „Wenn ich etwas verspreche, dann halte ich das auch …"
▶ „Das gehört für mich zu meinem Ehrenkodex."
▶ „Ich verbürge mich persönlich dafür, dass …"
▶ „Ich will jetzt mal ganz ehrlich zu Ihnen sein."

Die Schwurtaktik kontert man mit Formulierungen wie:
▶ „Wir sollten bei dieser Sache nicht gleich mit einem Ehrenkodex dramatisieren. Sagen Sie mir ganz einfach …"
▶ „Ob ich Ihnen glaube, spielt hier keine Rolle. Erklären Sie es mir so, dass ich es meinen Leuten plausibel machen kann."
▶ „Wenn Sie mir mit Ihrem Wort dafür einstehen können, spricht sicher nichts dagegen, dass Sie es auch noch mit Fakten unterlegen."
▶ „Sie sind schon sehr überzeugend, wie Sie das so sagen, aber ich bin nun mal eher faktenorientiert, deswegen …"
▶ „Sind Sie denn sonst nicht ehrlich?"
▶ „Ich bin nun mal ein misstrauischer Mensch und bisher damit nicht schlecht gefahren. Deshalb sagen Sie mir bitte …"
▶ „Mir kommen die Tränen!"

e) Der Superexperte
Diese Taktik funktioniert ähnlich wie die Schwurtaktik. Ihr Verhandlungspartner lässt Ihnen die Wahl, seinem Sachverstand zu glauben oder ihn zu beleidigen.

Lassen Sie sich nicht mit Ihrer guten Erziehung, andere nicht beleidigen zu wollen, erpressen. Ein Verhandlungspartner, der solche Spielchen mit Ihnen versucht, verdient nichts anderes als Zweifel an seiner Ehre und / oder seinem

197

Rhetorischer Sachverstand kaschiert Ungenauigkeiten.

Sachverstand. Er mag diese Technik vielleicht instinktiv einsetzen, um Ungenauigkeiten auf seiner Seite zu verschleiern. Trotzdem sollten Sie sich vor Augen halten, dass es eine Taktik ist, die windige Strukturvertriebe ihren Mitarbeitern gezielt einpauken. Der Erfolg – selbst bei Akademikern – gibt ihnen recht.

Den Superexperten erkennt man an Formulierungen wie:
- „Ich verkaufe diese Technik seit 25 Jahren. Hier können Sie mir nun wirklich glauben."
- „Aus meiner langjährigen Erfahrung …"
- „Nach allem, was ich bisher darüber gelernt habe, gibt es für mich nicht den geringsten Zweifel, dass …"
- „Ich habe mich seit Jahren gründlich mit dem Thema befasst. Glauben Sie mir, wenn ich sage …"
- „Das ist mein Aufgabe, solche Sachen einfach zu wissen!"

Den Superexperten kontert man mit Formulierungen wie:
- „Sie haben da sicherlich mehr Erfahrung als ich. Deshalb würde ich gerade von Ihnen gerne hören …"
- „Das sagen Sie! Von anderen, die auch so lange im Geschäft sind wie Sie, hört man anderes."
- „Ich fürchte, mir fehlt da das gesunde Urvertrauen. Helfen Sie mir, damit ich die Sache auch so gut verstehe wie Sie und nicht auf Glauben angewiesen bin."
- „Und wenn mich mein Chef danach fragt? Soll ich ihm dann sagen: Das müssen wir Herrn Müller einfach glauben, weil er schon so lange dabei ist? Der wird mir was erzählen."
- „Wenn Sie das so genau wissen, dann bin ich aber froh. Endlich kann mir es jemand so erklären, dass ich es verstehe."
- „Dass Sie das wissen, glaube ich gerne. Was mich stört ist, dass ich es nicht weiß. Deshalb erklären Sie mir doch bitte …"

f) Die „Gutmensch"-Falle
Mit moralischer Erpressung wird hier versucht, Sie in eine bestimmte Richtung zu drängen, um etwas zu tun oder zu akzeptieren, dass Sie eigentlich nicht wollen. Sie haben also

die Wahl, sich zu unterwerfen oder ein herzloser Schuft und schlechter Mensch zu sein. Manchmal artet das in regelrechtes Geheule und Gejammer aus.

Das ist etwas, mit dem der eine oder andere unbewusst schon gearbeitet hat. Beispiele aus dem privaten Umfeld:

▸ „Deinetwegen habe ich die ganze Nacht keine Ruhe gehabt."
▸ „Nach allem, was ich für dich getan habe …"
▸ „Wenn du mich wirklich lieben würdest, dann würdest du …"

Diese Art der Manipulation ist so hinterhältig, dass Sie eigentlich auf der Stelle aufstehen und die Verhandlungen abbrechen sollten.

Beispiele solcher Erpressungen aus geschäftlichen Verhandlungen:

▸ „Es macht Ihnen wohl nichts aus, dass Ihre Kollegen …"
▸ „Liegt Ihnen gar nichts an der Umwelt?"
▸ „Bisher habe ich Sie als sachlichen Einkäufer gesehen. Unter Partnern würde man doch …"
▸ „Im Interesse der Partnerschaft sollten Sie …"
▸ „Ist es das, was Sie unter Zusammenarbeit verstehen?"
▸ „Schade, ich hätte gedacht, auf Sie könnte man sich verlassen."
▸ „Es fällt Ihnen offensichtlich sehr leicht, Ihre Lieferanten fallen zu lassen."
▸ „Sie wollen das doch sicher nicht auf dem Rücken unserer Mitarbeiter austragen."
▸ „Das ist nicht fair, was Sie da machen."

Sagen Sie ganz klar: „Ich lasse mich nicht erpressen."

Die „Gutmensch"-Falle kontert man mit Formulierungen wie:

▸ „Höre ich da eine Erpressung heraus?"
▸ „Versuchen Sie, auf die Tränendrüsen zu drücken?"
▸ „Könnten Sie nicht versuchen, einfach sachlich zu bleiben?"
▸ „Sind Ihnen die Argumente ausgegangen, dass Sie es jetzt mit Jammern versuchen?"
▸ „Sie werden ja richtig sentimental!"

Moralische Erpressung ist Grund, eine Verhandlung abzubrechen.

> „Sie greifen mich in meinem Charakter an, und ich soll Ihnen einen Gefallen tun? Jetzt ganz bestimmt nicht mehr!"

g) Die „offensichtliche" Falle

Höflich ver-klausulierten Diffamierungen offensiv begegnen!

Ihr Verhandlungspartner baut Ihnen eine offensichtliche Falle, in die Sie nicht reinfallen, weil Sie ja nicht dumm sind. So denkt er zumindest. Er versucht, Sie daran zu hindern, einen Standpunkt zu vertreten, indem er diesen Standpunkt untergräbt, bevor Sie ihn überhaupt äußern konnten. Damit hat er Sie noch nicht angegriffen, weil Sie ja noch nichts in diese Richtung gesagt haben. Aber Sie scheuen sich nun davor – so hofft er zumindest –, genau diesen Standpunkt zu vertreten.

Sie haben jetzt die Wahl, ob Sie sich seinem Standpunkt anschließen oder sich als Dummkopf, Schurke, Manipulationsopfer oder Feigling zu erkennen geben.

Auch von solchen Manövern dürfen Sie sich nicht einschüchtern lassen. Wer so argumentiert, hat sicher keine sachlich überzeugenden Argumente oder gar Beweise zur Verfügung.

Sie können offensiv auf solche Diffamierungen eingehen und Ihrem Verhandlungspartner klar sagen, dass Sie diese Manipulationstechnik erkannt haben und sich dadurch nicht davon abhalten lassen, Ihre eigene Meinung zu vertreten. Das kann natürlich zu einer Kampfansage werden und zur Konfrontation führen. In diesem Fall sollten Sie zum einen die Fronten klären und zum anderen zeigen, dass Sie für solche Spielchen zu schlau sind.

Die „offensichtliche" Falle erkennt man an Formulierungen wie:

> „Natürlich gibt es immer noch ein paar Ahnungslose, die da glauben …"
> „Wer von allen guten Geistern verlassen ist, der wird jetzt sagen …"
> „Für einen Anfänger könnte das so aussehen, dass …"
> „Wer nur an die eigenen egoistischen Ziele denkt, der …"
> „Wer dabei Angst hat, sollte lieber …"
> „Wer selbstständig denken kann, der wird hier wohl …"

► „Eine gesunde Risikobereitschaft gehört natürlich dazu, wenn ..."

Die „offensichtliche" Falle kontert man mit Formulierungen wie:

► „Wenn Sie das so sehen, dann gehöre ich auch zu den Leuten ohne einen Funken Verstand. Jetzt erklären Sie mir doch mal, wieso ..."

► „Nein, die gesunde Risikobereitschaft fehlt mir auch. Ich habe einen ausgeprägten Überlebensinstinkt. Was bringt Sie zu der selbstmörderischen Haltung ..."

► „Es kann sein, dass Sie in mir jetzt auch so ein Egoistenschwein sehen. Ich fühle mich ganz wohl dabei. Machen Sie doch mal plausibel ..."

Mit solchen Antworten wird für Ihren Verhandlungspartner deutlich, dass Sie die Taktik durchschaut haben und sich davon nicht einschüchtern lassen. Geht Ihr Verhandlungspartner dennoch in diese Richtung weiter, müssen Sie das als persönliche Beleidigung erkennen. Eventuell müssen Sie die Verhandlungen abbrechen.

h) Themen eingrenzen und ausgrenzen

Durch diese Taktik versucht Ihr Verhandlungspartner gleich zu Beginn, die zu behandelnden Themen einzugrenzen.

Themen nicht ausklammern lassen!

Wenn Sie sich direkt widerstandslos mit solchen Ausgrenzungen abfinden, wird es Ihnen später schwerfallen, bei Bedarf auf das Thema zurückzukommen. Ihr Verhandlungspartner wird Sie mit großen Augen anschauen und erwidern: „Wir hatten uns doch geeinigt, dass das heute nicht auf der Agenda steht!"

Dann sind Sie die schuldige Person, die vom Thema abkommt oder unfaire Abstecher macht.

Lassen Sie sich solche Ausklammerungen von Anfang an nicht diktieren! Auch wenn Sie selbst noch nicht die Absicht haben, das betreffende Thema zur Sprache zu bringen, sollten Sie aus zwei Gründen die Ausklammerung ablehnen:

1. Sie brauchen vielleicht doch noch das offene Hintertürchen zu dem betreffenden Thema. Sie können nie wissen, ob das noch wichtig wird.

2. Sie sollten Ihrem Verhandlungspartner gleich klarmachen, dass Sie solche Regeln nicht widerstandslos hinnehmen. Wer sind Sie denn, dass Sie nicht mitbestimmen dürfen, worum es heute geht oder nicht?

Empfehlenswert ist es, nicht feindselig oder hart gegen diese Versuche vorzugehen. Sie wollen schließlich am Anfang noch keine Endlosdiskussion darüber, was heute diskutiert werden soll und was nicht. Sie wollen lediglich klarmachen, dass Sie sich nicht vorschreiben lassen, worüber Sie reden, und dass Sie bei Bedarf das Thema noch auf den Tisch bringen werden, wenn Sie es für wichtig halten.

Das Themeneingrenzen und -ausgrenzen erkennt man an Formulierungen wie:

▶ „Um es gleich vorweg zu sagen: Das Thema Preisnachlass steht heute nicht zur Debatte. Wir sollten erst einmal klären, wie die Zusammenarbeit …"

▶ „Bevor die Ursachen für die Probleme nicht geklärt sind, werden wir nicht über Maßnahmen reden."

▶ „Lassen wir die Kostenfrage mal ganz außer Acht und konzentrieren uns auf die Qualität."

▶ „Ob uns die Vorgaben meiner Geschäftsleitung nun gefallen oder nicht, steht hier gar nicht zur Debatte. Was wir hier zu klären haben …"

Das Themeneingrenzen und -ausgrenzen kontert man mit Formulierungen wie:

▶ „Das werden wir ja noch sehen, ob wir darüber reden müssen oder nicht."

▶ „Gut, wir können das erst mal zurückstellen, wenn Sie mit … beginnen möchten."

▶ „Gut, wenn Sie meinen. Aber das sage ich gleich: Tabus darf es hier nicht geben! Was heute Thema wird oder nicht, muss offenbleiben."

▶ „Also, da sollten wir uns nicht jetzt schon Scheuklappen anlegen."

i) Die „Damals"-Technik

Mit der Taktik, Ihre Vorschläge und Ideen als zu modern oder überflüssig bzw. übereifrig abzutun, verbindet sich meistens die Aussage, dass es solche Sachen doch früher auch nicht gab, und trotzdem hat es funktioniert. Ihnen wird suggeriert, dass Sie die bisherigen Erfolge, die guten alten Traditionen und Werte anzweifeln oder angreifen wollen. Ihr Verhandlungspartner will keine Neuerungen und Änderungen, hat jedoch keinen vernünftigen Grund, diese abzulehnen. Also verlegt er sich auf die Taktik, dass es das damals auch nicht gab und deshalb auch in Zukunft nicht notwendig sein wird.

> **Wer nostalgisch argumentiert, hat oft Angst vor dem Neuen.**

Auf keinen Fall sollten Sie sich auf Diskussionen einlassen, die Ihnen als Kritik am Bisherigen ausgelegt werden könnten. Bedenken Sie bitte, dass diese Taktik nur selten in böser Absicht angewendet wird. Meistens steckt dahinter echte Angst vor dem Risiko oder den Unbequemlichkeiten einer Neuerung. Argumentieren Sie deshalb bewusst positiv und beruhigend.

Die „Damals"-Technik erkennt man an Formulierungen wie:
- „Das hatten wir bisher doch auch nicht und waren trotzdem erfolgreich."
- „Wir haben doch bisher auch nicht alles falsch gemacht, oder?"
- „Das Vertrauen unserer Kunden liegt doch auch in unserer Kontinuität, das sollten wir nicht riskieren …"
- „Ich weiß nicht, ob wir jedem Trend folgen müssen."
- „In Ihrem Alter möchten Sie natürlich …"
- „Nun besteht das Unternehmen seit mehr als 100 Jahren und jetzt wollen Sie, dass wir … über Bord werfen?"

Die „Damals"-Technik kontert man mit Formulierungen wie:
- „Gerade weil das Unternehmen bisher so erfolgreich war, meine ich, können wir diese Chance nutzen …"
- „Unsere Kunden können unsere vertrauenswürdige Kontinuität daran erkennen, dass wir innovativ bleiben."
- „Nun ja, wenn man bedenkt, wie noch in den Fünfzigerjahren unsere Produktion aussah. Das machen wir heute auch anders. Ich schlage deshalb vor …"

203

▶ „Ja, ich bin jünger als Sie, aber deswegen würde ich mir nie erlauben, an Ihrer Lernfähigkeit zu zweifeln."

▶ „Bisher waren wir erfolgreich, weil … Aber wie sich heute der Zukunftsmarkt abzeichnet, da sollten wir …"

▶ „So alt sind Sie doch auch nicht!"

10.2.6 Wenn nicht …, dann …: Umgang mit Drohungen

a) Sie werden bedroht!
„Wenn Sie den Preis nicht zahlen wollen, werden wir den Support einstellen!"
„Wenn Sie nicht…, dann werde ich das Gespräch beenden!"
„Wenn Sie nicht…, dann werden Sie hier keinen Auftrag mehr bekommen!"
„Dann liefern wir ab Montag nicht mehr!"
„Wollen Sie Ihre Teile nun pünktlich haben oder nicht?"

▶ Bevor die Situation eskaliert oder Sie nachgeben: Meint Ihr Gegenüber es wirklich ernst?

▶ Geben Sie die Entscheidung zurück. Sie werden schnell sehen, ob er es ernst meint. Vermitteln Sie, dass Sie Ihre Entscheidung getroffen haben. Wenn er es auf die Spitze treiben möchte, ist er bei Ihnen genau richtig.

  ▷ Den anderen länger als normal mustern, dann betont konstruktiv fortfahren:
    „Sind Sie einverstanden, dass wir weitermachen?"

  ▷ Dumm stellen, Drohung als Missverständnis interpretieren:
    „Da muss ich Sie falsch verstanden haben."

  ▷ Wiederholtechnik: „Können Sie das bitte wiederholen?"

  ▷ Perspektive wechseln: „Was würden Sie an meiner Stelle tun?"

  ▷ Aus der Situation treten: „Vielleicht sollten wir eine kurze Pause machen, bis sich die Gemüter beruhigt haben?"

▶ Sollte der andere sich nicht von seinem Kurs abbringen lassen, müssen Sie Farbe bekennen. „Wenn nicht dann" ist kurzfristig immer „dann". Sie können sich ja nicht bedrohen lassen.

▸ Sie haben nun die Möglichkeit, in Ruhe zu überlegen und die Sache evtl. nach oben zu delegieren.

▸ Geben Sie einmal nach, wird Ihr Gegenüber das vielleicht immer wieder probieren. Sie müssen dem sowieso einen Riegel vorschieben. Dann können Sie es auch gleich beim ersten Mal machen.

Sprichwort: „Hunde, die bellen, beißen nicht!"

▸ Wer droht, deutet an, dass er die angedrohte Maßnahme eigentlich/noch nicht treffen möchte.

▸ Drohungen können also durchaus Verhandlungsangebote sein.

▸ Äußerste Vorsicht bei Drohungen unter vier Augen! Eskaliert die Situation, weiß Ihr Gegenüber hinterher von nichts mehr. („Ich weiß auch nicht, was in Herrn/Frau Meier gefahren ist.")

▸ Keine Angst haben und zeigen.

▸ Bleiben Sie in jedem Falle sachlich.

▸ Zeigen Sie am besten keine Wirkung. Sie entscheiden selber, ob dieser Einschüchterungsversuch erfolgreich ist.

▸ Verschlechtern Sie Ihr bestehendes Angebot in einigen Punkten in der Verhandlung mit Verweis auf die Drohung.

b) Sie werden selbst massiv und drohen: Verhaltensregeln

▸ Sie müssen zuerst selber entscheiden, ob Sie zu dieser Maßnahme greifen wollen oder nicht. Ist es in dieser Situation angemessen?

▸ Drohen sollte die letzte Maßnahme sein. Es gibt kaum noch ein Zurück.

▸ Machen Sie unter Umständen eine kleine geäußerte Drohung in der Verhandlung wahr. Fehlende Konsequenz wirkt sich auf die Glaubwürdigkeit aus.

▸ Seien Sie immer vorsichtig mit Ihren Drohungen! Wenn es „hart auf hart" kommt, müssen Sie auch konsequent bleiben, um nicht das Gesicht zu verlieren. Deswegen müssen Konsequenzen umsetzbar sein.

▸ Deswegen muss die Drohung selbst angemessen und glaubwürdig und damit umsetzbar sein !

Richtiges Einschüchtern will gelernt sein!

Sprichwort: „Hunde, die bellen, beißen nicht!"

Richtiges Einschüchtern will gelernt sein!

10.2.7 Schwierige Verhandlungen: Verhandeln mit übermächtigen Partnern

Was tun Sie, wenn der Verhandlungspartner mächtiger erscheint? Machen Sie sich zunächst einmal bewusst, dass häufig die eigene Position unterschätzt wird (weil man die Risiken und Schwächen der Position natürlich genau kennt!). Deswegen sind die wichtigsten Tipps hier:

Werden Sie sich Ihrer eigenen Macht bewusst!

Werden Sie sich Ihrer eigenen Macht bewusst!

▶ Überlegen Sie genau, in welchen Verhandlungspunkten Sie Macht besitzen:
  ▷ *Einkäufer*: Sie sind der Kunde, auch ein mächtiger Partner/Lieferant (Monopolist) verzichtet nicht einfach auf Umsatz, nur weil Sie sich nicht alles gefallen lassen.
  ▷ *Verkäufer*: Überlegen Sie, warum Sie wohl zu der Verhandlung eingeladen wurden. Offensichtlich hat der Kunde ernsthaftes Interesse an Ihrem Angebot.
▶ Machen Sie sich *alle* Handlungsoptionen klar: Meist haben Sie mehr, als es auf den ersten Blick scheint.
▶ Gefühl von Macht/Ohnmacht entsteht häufig bei ganz bestimmten Personen. Bei
  ▷ unsympathischen Personen,
  ▷ arroganten/überheblichen Personen,
  ▷ charismatischen Personen.
▶ Stellen Sie sich mental auf diese Personen ein, lassen Sie sich nicht verunsichern.
  ▷ Gestehen Sie dem Verhandlungspartner Macht zu (durch Ihre subjektive Wahrnehmung), werden Sie ihm das mindestens unbewusst signalisieren.
  ▷ Erkennen Sie seine Macht an, wird sie sich entfalten.

Zeigen Sie Stärke!

Zeigen Sie Stärke!

▶ Zeigen Sie Ihrem Verhandlungspartner, dass er ohne Sie nicht gewinnen kann.
▶ Wenn Ihr Gegenüber nicht von seinem hohen Ross steigt, dann steigen Sie zu ihm auf.
▶ Signalisieren Sie ihm das durch Ihr souveränes Auftreten, und Ihr Gegenüber wird Sie als charismatisch wahrnehmen.

- Lassen Sie sich von Drohungen/Ultimaten (Wenn Sie nicht …, dann …) nicht beeindrucken. Drohen Sie selbst bzw. brechen Sie die Verhandlung ab!
- Keine Angst: So schnell fällt das Kind nicht in den Brunnen!
- Finden Sie die richtige mentale Einstellung: *„Nachgeben ist keine Option."* Mit „… da kann man sowieso nichts machen …" kommt man nicht weit.

10.3 Die Trickkiste der Einkäufer

Manche Einkäufer tricksen, frei nach dem Motto: „Der Zweck heiligt die Mittel!" Die oberste Regel heißt dann: Ruhe bewahren! Ärgern Sie sich nicht, versuchen Sie Mensch und Sache zu trennen. Vielleicht steht der Einkäufer unter starkem Erwartungsdruck und weiß sich nicht anders zu helfen.

a) Der Budget- bzw. Zielpreisvorwand
- Dem Verkäufer wird ein Zielpreis, der auf Marktuntersuchungen basiert, oder ein Budget vorgegeben.
- Wenn das ein Trick ist, müssen Sie diesen entlarven! Gibt es wirklich ein Budget, müssen Sie das ernst nehmen.
- Variation: „Der Chef/Vorstand hat gesagt, wir müssen…"

Ziel:
- Der Einkäufer versucht
  - Ihnen zu zeigen, dass ihm die Hände gebunden sind.
  - jegliche Argumentation abzuwürgen.
- Dem Verkäufer wird suggeriert,
  - dass der Zielpreis auf objektiven Zahlen basiert und eine nicht diskutierbare Größe darstellt.
  - dass der Preis alleine entscheidet.
- Großzügiges Entgegenkommen beim Zielpreis: Bündnis (gegen andere Lieferanten oder den eigenen Chef) wird vorgetäuscht!

Gegenmaßnahmen:
- Grundlage des Zielpreises/Budgetlimit infrage stellen.
- Verantwortliche (Chef, Controlling etc.) einbeziehen.

- ► Möglichkeit, Budgetlimits zu erhöhen, erfragen.
- ► Alternative Entscheidungskriterien erfragen, in die Diskussion bringen.
- ► Wettbewerb, der „schon nahe" am Zielpreis liegt, hinterfragen.
- ► Wichtig: Gesprächspartner entlarven, aber nicht bloßstellen.
- ► Anregungen für „goldene Brücken":
  - ▷ Abspecken: anderes Produkt, weniger Optionen, weniger Zusatzleistungen.
  - ▷ Andere Budgets (z. B. für Instandhaltung) miteinbeziehen, Teile des Umfangs (z. B. Dienstleistungen) herauslösen.
  - ▷ Preis auf mehrere Jahre verteilen.
  - ▷ In Naturalien bezahlen lassen: Gegengeschäfte.
  - ▷ Mit anderen Aufträgen verknüpfen – über Mischkalkulation kommen Sie trotz des Zielpreises zu einem guten Gesamtergebnis.

Fazit: Übernehmen Sie nicht vorschnell vom Kunden ein Preisproblem. Wenn Ihnen ein Kunde ein Preislimit (Budget, Zielpreis o. Ä.) vorgibt, so sollten Sie dies nicht ohne Weiteres als gegeben hinnehmen.

b) Zeitdruck erzeugen

Wer die Zeit auf seiner Seite hat, hat häufig auch einen Verhandlungsvorteil. Zeitdruck verursacht Stress, und Stress ist ein mächtiges Mittel in der Verhandlung mit dem Ziel, beim Verhandlungspartner das rationale Denken erheblich zu beeinträchtigen. Dadurch werden häufig viel zu früh entscheidende und teure Zugeständnisse gemacht.

- ► Künstlichen Zeitdruck für die Verhandlung erzeugen durch:
  - ▷ sehr kurzfristiges Ansetzen des Termins,
  - ▷ langes Wartenlassen und
  - ▷ starkes Abkürzen der Verhandlungsdauer.

Ziel:

- ► Der Gegenseite die Möglichkeit nehmen, sich optimal vorzubereiten

- Keinen Raum für ausführliche Argumention lassen
- Die Wichtigkeit der Person oder des Themas herabsetzen
- Reduzierung der Verhandlung auf Preise
- Ablenken von allen Punkten, die für Sie/Ihr Unternehmen/Ihr Produkt sprechen

Gegenmaßnahmen:
- Nehmen Sie konsequent keine kurzfristigen Verhandlungen an, demonstrieren Sie Gelassenheit und Souveränität.
- Nehmen Sie Wartezeiten nicht hin: Drängen Sie auf pünktlichen Beginn.
- Vertagen Sie ggf. das Gespräch.
- Bestimmen Sie die Agenda im Vorfeld. Damit führen Sie jederzeit souverän durch die Verhandlung und bestimmen, welche Punkte zu welchem Zeitpunkt diskutiert werden.
- Ignorieren Sie den Zeitdruck einfach und verlagern Sie offene Punkte in ein neues Gespräch.
- Stellen Sie die Preisdiskussion so weit wie möglich nach hinten. Weigern Sie sich einfach elegant, über Preise zu reden, wenn der Nutzen noch nicht kommuniziert ist.

Niemals zeigen, dass man unter Zeitdruck steht!

Lassen Sie niemals erkennen, dass Sie unter Zeitdruck stehen.

Lassen Sie keinen Abschlussdruck Ihrerseits erkennen. Verhandeln Sie erst die kleineren Punkte, wenn Sie bei den großen Punkten nicht vorankommen.

c) Ultimatum/Drohung
- Der Einkäufer arbeitet mit einem Ultimatum.
- Entweder Sie akzeptieren den Preis/die Bedingungen, oder das Gespräch/die Zusammenarbeit ist beendet.

Ziel:
- Druck erhöhen, Angst vor Auftragsverlust nutzen.
- Schnelle Entscheidung erzwingen.

Gegenmaßnahmen:
- Ein „Nein" bedeutet unter Umständen Auftragsverlust, deshalb „Vielleicht" als Lösung.
- Alternativen/neue Lösungen anbieten.

► Führen Sie neben dem Preis weitere Dimensionen ein, z. B. Lieferzeit, Zahlungsbedingungen, Mengen etc.
► An Bedingungen koppeln: „Sie sind hart, aber ich bin einverstanden wenn ..." So können alle ihr Gesicht wahren.
► Ausweichen, Themenwechsel.
  ▷ „... das kriegen wir schon irgendwie hin, allerdings müssen wir vorher ..."
  ▷ „... das ist eine große Herausforderung, dazu müssen wir folgende Optionen betrachten ..."
► Weitere Möglichkeit: Ultimatum thematisieren, direkt ansprechen! Signalisieren Sie Ihrem Gegenüber, dass dieses Spiel mit Ihnen nicht funktioniert, bauen Sie ihm aber eine letzte Brücke.
  ▷ „Was lassen Sie uns denn für Möglichkeiten? Sie setzen uns die Pistole auf die Brust. Das können wir nicht akzeptieren."
  ▷ „Sollten wir nicht eine partnerschaftliche Lösung ..."
  ▷ „Was hat Sie so verärgert, dass ...?"
► Gespräch vertagen, unterbrechen, mit Hintertür abbrechen (nicht die Beziehung). Haben sich die Gemüter beruhigt, finden sich vielleicht neue Lösungen.
  ▷ „... unter diesen Umstände bedaure ich sehr ... können wir gerne morgen noch mal telefonieren."

Nachgeben ist Kapitulation!

Generell: Lassen Sie sich nicht bedrohen, Nachgeben ist Kapitulation. Wenn der Einkäufer damit Erfolg hat, wird er das immer wieder versuchen. Zeigen Sie Rückgrat! Hier brauchen Sie aber Rückhalt von Ihren Chefs.

d) Lügen
Hierzu gehören z. B. falsche Versprechen, wie etwa Folgeaufträge/höhere Mengen/längere Laufzeiten in Aussicht zu stellen, oder ungerechtfertigte Reklamationen, um Druck aufzubauen. Für den Fall, dass ein Einkäufer zu diesen Mitteln greift, sollten Sie gewappnet sein.

Gegenmaßnahmen:
Generell: ernst nehmen, hinterfragen, dem EK nie das Gefühl geben, ertappt worden zu sein.

Folgeaufträge oder andere Köder in Aussicht stellen:

Lassen Sie sich nicht auf mündliche Vereinbarungen ein mit der Aussicht, dass Sie für ein Zugeständnis zum jetzigen Zeitpunkt irgendwann mit einem weiteren Auftrag belohnt werden. Stattdessen…

▸ Rabatte an Folgeaufträge koppeln.
▸ Boni vereinbaren. Rabatte werden gewährt, Boni werden verdient. Koppeln Sie Boni beispielsweise an Umsätze.

Ungerechtfertigte Reklamationen

▸ Jede Reklamation wird gründlich auf ihre Berechtigung geprüft.
▸ Reklamation gesondert behandeln, vom aktuellen Verhandlungsgegenstand abkoppeln.
▸ Gründe für das Verhalten analysieren.
▸ Ablehnung der Reklamation nachvollziehbar begründen.

Bei wichtigen Kunden Fingerspitzengefühl bezüglich Kulanz zeigen.

e) „Damals"-Technik

Verweis auf …

▸ frühere oder übliche Rabatte:
  ▹ „Vor zwei Jahren haben wir …"
  ▹ „Alle anderen …"
▸ Absprachen mit dem Vorgänger:
  ▹ „Bei Ihrem Vorgänger war es eigentlich üblich …"

Gegenmaßnahmen:

▸ Prüfen Sie, inwieweit das stimmt und ob Sie den alten Regeln folgen wollen.
▸ Wenn es stimmt, heißt das nicht, dass es jetzt immer noch so gemacht werden muss.

f) Aggressives Auftreten und persönliche Angriffe

Ziel:

▸ Druck aufbauen, einschüchtern
▸ Manipulieren
▸ Widerstand brechen

Zerstöre das Selbstbewusstsein von Menschen und sie werden sich verhalten wie Menschen ohne Selbstbewusstsein.

Folgeaufträge oder andere Köder in Aussicht stellen.

Ungerechtfertigte Reklamationen

Dieses Verhalten zeigt:
▶ Verzweiflung, keine „richtigen" Mittel
▶ Dünnhäutigkeit, großer Druck
▶ Dreistigkeit, Stillosigkeit
▶ schlechte Vorbereitung
▶ Unsicherheit, Unerfahrenheit
Macht Ihnen dieses Verhalten jetzt noch Angst?

Also: Bewahren Sie Ruhe!

Optimalerweise bauen Sie Ihrem Gegenüber eine Brücke zurück zu einem angemessenen Verhalten.

Gegenmaßnahmen:
▶ Unfaire Manöver überhören
▶ Im Stillen Verständnis für die „arme Sau" zeigen
▶ Angriff als Offenheit, Ehrlichkeit, Vertraulichkeit interpretieren
▶ Sachlichen Kern des Angriffs aufgreifen
▶ Gründe für das unfaire Verhalten erfragen
▶ Gefühle offenbaren, thematisieren, Ausfälle zurückweisen
▶ Vertagen/Pause machen

g) *„Good Guy – Bad Guy"*

Good Guy – Bad Guy: Der Klassiker!

▶ Der Böse setzt Sie kontinuierlich mit Gegenargumenten und seinem arroganten Auftreten unter Druck, um bewusst eine Antipathie bei Ihnen hervorzurufen. Er ist der Kettenhund, der von der Leine gelassen wird.
▶ Der Gute spielt jenen Part, der bewusst sympathisch auf Sie wirken soll. Er stellt sich (scheinbar!) auf Ihre Seite, vermindert den Druck, wird zur Vertrauensperson und schlägt gütliche Lösungen vor. So entlockt er Ihnen gerade dann, wenn der „Bad Guy" den Raum verlassen hat, Zugeständnisse. Sätze wie „Ich bin absolut Ihrer Meinung! Glauben Sie mir, wenn Sie mir jetzt nur 5 Prozent Preisnachlass zusichern können, werde ich mich persönlich beim Vorstand dafür einsetzen, dass wir bis morgen abschließen können!" wirken wahre Wunder.

Ziel:
- ▸ Manipulation Ihres Verhaltens

Gegenmaßnahmen:
- ▸ Das Spiel erkennen
- ▸ Ruhig bleiben
- ▸ Vorsicht vor falschen Freunden
- ▸ Forderung des „Bösen" ignorieren
- ▸ Bedenkzeit ausbitten
- ▸ Strategie entlarven und thematisieren: „Das ist wirklich die beste „Good Guy – Bad Guy"-Inszenierung, die ich je gesehen habe – Kompliment! Lassen Sie uns aber wieder ins Tagesgeschäft einsteigen."

h) Old-School-Tricks
Die einladende Partei nimmt an der Fensterfront Platz, Sie werden an die Wandseite gesetzt. Durch den grellen Lichteinfluss ermüden Sie deutlich schneller, die Konzentration nimmt ab. Außerdem können Sie so die Mimik der Gegenseite nur bedingt lesen.

Weitere Tricks aus dieser Schublade: warten lassen, keinen Kaffee anbieten, Heizung hoch- oder runterregeln (zu kalt, zu warm) …

Hier gibt es nur ein Ziel:
- ▸ Verunsicherung der Person

Gegenmaßnahmen:
- ▸ Erkennen und nicht beeindrucken lasssen. Denken Sie immer: Wie armselig, wenn Ihr nichts Besseres habt, dann ist das ja nicht viel.

10.4 Praxistipps für Verkäufer

- ▸ Preise möglichst nur bei positivem Gesprächsklima verhandeln.
- ▸ Verhandeln Sie nicht am Telefon, wenn es um eine lohnende Sache geht.
- ▸ Sprechen Sie erst über den Preis, wenn der Kunde ein Wertempfinden für das Produkt aufgebaut hat.

- ▶ Notfalls Preisspanne nennen:
- ▶ „Je nach ..., liegt der Preis zwischen ..."
- ▶ Preis immer in Verbindung mit einem Nutzen oder einem Alleinstellungsmerkmal nennen. Ermitteln Sie den tatsächlichen Kundennutzen bzw. erfragen Sie tatsächliche Bedürfnisse des Kunden.
- ▶ Kundennutzen detailliert erläutern oder – noch besser – berechnen:
  - ▷ Hoher Durchsatz
  - ▷ Weniger Aufwand
  - ▷ Zeitersparnis
  - ▷ Einsparungen
- ▶ Lassen Sie Ihre Betroffenheit bei Forderungen der anderen Seite erkennen. Zucken Sie zusammen! Sagen Sie niemals „Ja" zur ersten Forderung.
- ▶ Dramatisieren Sie Nachlässe, stellen Sie marginales Nachgeben als kolossales Zugeständnis dar:
  - ▷ „Ich kann mich nicht erinnern, dass wir schon mal einen Nachlass von 2% auf dieses Produkt gegeben haben. Ich glaube auch nicht, dass das wieder vorkommen wird. Sie sind wirklich ein harter Brocken."
    Wenn Sie dann noch ein Zugeständnis bekommen (Skonto, Menge), ist alles gut.
- ▶ Preise/Summen/Differenzen klein- oder großrechnen – je nach Bedarf:
  - ▷ %-Werte statt absoluten Zahlen oder umgekehrt
- ▶ Technik des Differenzpreises anwenden:
  - ▷ „Verstehe ich es richtig, das Ihre Entscheidung, ob Sie diese Anlage kaufen (Wert 500.000 €) von einer Differenz (zum Wettbewerb) von 3.500 € abhängt?"
- ▶ Preis auf Tage (Laufzeit) umrechnen, unterteilen Sie den Preis in kleine Kosteneinheiten. Rechnen Sie vor, was die Leistungen über den Nutzungszeitraum kosten. Diese kleinen, z.B. monatlichen Beträge sind dem Kunden leichter zu verkaufen als der eine große Brocken.
- ▶ Bieten Sie dem Kunden Ihr Produkt zur Probe an.
- ▶ Wenn schon Nachlass/Rabatt, dann über zusätzliche Leistungen/Produkte.

▷ Als „Wert" setzen Sie den Listenpreis an, die tatsächlichen Kosten sind weitaus geringer (Beispiele: Ersatzteilpaket für das erste Jahr, Technikerunterstützung während der Inbetriebnahme etc.).

▸ Verkaufen Sie, wenn es gar nicht anders geht, den einmaligen Sonderpreis als absolute Ausnahme.

▸ Knüpfen Sie Ihr Zugeständnis an eine Bedingung, um Nachverhandlungen auszuschließen.

▷ „Ich gehe auf diesen Preis ein, wenn ich dafür verbindlich den Auftrag bekomme."

Denken Sie immer daran: Kein Entgegenkommen ohne Gegenleistung!

a) Taktische Alternativen für Preisverhandlungen
Angebotsvergleich
Hauptargument des Einkaufs ist oft der Wettbewerb.

Angebots-vergleich

▸ Auf Finten / Widersprüche in Formulierungen achten.

▸ Wettbewerbsangebote hinterfragen: Äpfel + Birnen.

▸ Vergleichbarkeit anzweifeln.

▸ Wenn möglich, Unterschiede zwischen den Angeboten herausfinden und herausstellen.

▸ Nie über den Wettbewerb (schlecht) reden: Sie sollen nicht den Wettbewerb nicht verkaufen, sondern Ihr Produkt verkaufen.

Hinterfragen

Hinterfragen

▸ Anzuwenden bei der „Zuteuer"-Mauer. Diese kann viele Ursachen haben. Fragen Sie:

▷ Inwiefern zu teuer?

▷ Im Verhältnis wozu?

▷ Aus welchen Gründen?

▷ Was genau ist Ihnen zu teuer?

▸ Unbedingt freundlich fragen, Schärfe herausnehmen.

▸ Führt der Kunde den Wettbewerb an, geht es in die nächste Runde (s. o.).

Bluffen

Bluffen
- Scheinbar alles auf eine Karte setzen: Entweder... oder!
- Keine Angst: Auch wenn es schiefgeht, fällt das Kind nicht so schnell in den Brunnen, wenn Sie es richtig anstellen.
  - ▷ Sie können am nächsten Tag immer noch beim Kunden anrufen und eine neue Idee präsentieren, die Ihnen in der Nacht gekommen ist.
  - ▷ Manche Verkäufer präsentieren diese Idee auch schon beim Zusammenpacken, die Türklinke in der Hand.
- Aber: Bluffen Sie geschickt, d.h. glaubwürdig, sonst wirken Sie schnell lächerlich.

Neuer Blickwinkel: Perspektivwechsel und Umdeutung

Neuer Blickwinkel: Perspektivwechsel und Umdeutung
Versuchen Sie, die Sichtweise durch Perspektivwechsel zu ändern.
Beispiel: Veröffentlichte Unternehmensergebnisse zeigen Rekordgewinne, der Aktienkurs ist gestiegen. Dies ist ein möglicher Auslöser von Preisdiskussionen.
- Negative Sichtweise: Rekordgewinne bedeuten, dass Kunden zu viel bezahlen.
  - ▷ Forderung nach günstigeren Preisen.
- Umdeutung: Gewinne werden durch viele zufriedene Stammkunden, durch überzeugte Neukunden generiert. Grund dafür ist das ausgezeichnete Preis-Leistungs-Verhältnis.

b) Tipps für die Abschlussphase
Meist sind die Parteien am Ende der Verhandlung bereit, noch weitere Zugeständnisse kleinerer Art zu machen. Diese Stimmung können Sie kurz vor Verhandlungsschluss nutzen, um zusätzliche, aber im Verhältnis zum Hauptgegenstand der Verhandlung kleine Zugeständnisse zu erbitten.
- Abschlusszugeständnisse sollten auf den Abschluss bezogen sein und konkret formuliert sein, um ein einfaches Ja oder Nein zu erhalten (Entscheidung forcieren).
- Werden Sie nicht zu gierig, sonst wirkt es plump.
- Jeder muss sein Gesicht wahren können. Im Guten auseinandergehen.

▸ Streiten Sie nicht um Kleinigkeiten (bestehen Sie nicht auf zu starren Prinzipien), wenn Sie kurz vor dem Abschluss stehen.

▸ Verpacken Sie das richtige Signal in einen Vorschlag:
  ▷ „Ist das einschließlich Lieferung?
  ▷ Schließt das Anwaltskosten mit ein?
  ▷ Wäre das rückwirkend?"

c) Lernen Sie rechnen!

Rechnen lernen!

▸ Vorsicht vor schnellen Zugeständnissen
  ▷ Auswirkung von Rabatten bei höheren Abnahmemengen. (Wie viel Mehrumsatz benötigen Sie, um den Gewinn konstant zu halten?)
  ▷ Auswirkung anderer Konditionen, wie z.B. Zahlungsbedingungen.

▸ Machen Sie zur Übung Musterrechnungen.
  ▷ Wie wirken sich Zahlungskonditionen und Nachlässe auf die Gewinnsituation aus?

▸ Kenntnis über:
  ▷ Gewinnsituation bei verschiedenen Produkten, Zahlungs- und Lieferbedingungen (eigene und Wettbewerb).
  ▷ Allgemeine Verkaufsbedingungen.

Hüten Sie sich grundsätzlich vor vermeintlich einleuchtenden, einfachen Lösungen. Sie bergen oft die Gefahr, dass Sie übervorteilt werden. Einleuchtende Lösungen sind zu erkennen durch Einfachheit:

▸ Abrunden auf eine „runde Summe"

▸ „Bei dieser Stückzahl muss wenigstens ein kostenloses Gerät dabei sein…"

d) Lernen Sie mit Ablehnung souverän umzugehen:

Ablehnung souverän wegstecken.

Ist der Kunde wirklich ablehnend oder verhandelt er nur hart?

▸ „Zu teuer" ist nicht zwangsläufig ein „Nein".

▸ Feilschen als Selbstverständlichkeit akzeptieren.

▸ Schlagen Sie immer wieder Alternativen vor.

▸ Aus Niederlagen lernen! Gehen Sie konstruktiv mit Ablehnung um. Motivieren Sie sich für neue Abschlüsse und Kunden.

217

▶ Verkrampfen Sie nicht: Merkt der Einkäufer, dass Sie den Auftrag dringend brauchen, wird er das (aus-)nutzen.

e) *Das Wichstigste zuletzt: Mit Überzeugung überzeugen!*
Professionell verkaufen bedeutet (auch) Identifikation mit Produkt und Unternehmen.

Seien Sie wirklich überzeugt! Echten Profis können Sie nichts vorspielen. Stellen Sie Unternehmen/Produkt überzeugend vor. Mangelnde Identifikation und Überzeugung wird schnell sichtbar und weckt überdies den „Jagdinstinkt" vieler Einkäufer.

Stehen Sie zu Ihrem Preis – hier wird Ihre Identifikation ganz deutlich – und lassen Sie sich nicht durch den Wettbewerb entmutigen: Dort wird auch nur mit Wasser gekocht. Auch wenn Sie hören „besser, schneller, günstiger, billiger, zusätzlich …" Stimmt das wirklich?

Auch wenn der Kunde Sie mit Argumenten zu Zugeständnissen bewegen möchte, bleiben Sie bei Ihrer Aussage, wiederholen Sie Ihren Standpunkt mehrfach, aber immer höflich. Die Wahrscheinlichkeit ist groß, dass der Kunde nach einiger Zeit resigniert.

LITERATUR

Arnolds, H./Heege, F./Tussing, W. (1996): Materialwirtschaft und Einkauf, 9. A., Wiesbaden

Beck, G. (2008): Verbotene Rhetorik, 4. A., München

Becker, J. (2014): Du wirst tun, was ich will, München

Berne, E. (2000): Spiele der Erwachsenen, Reinbek bei Hamburg

Birkenbihl, V. F. (2010): Rhetorik. Redetraining für jeden Anlass, 12. A, München

Boutellier, R./Wagner, S. M./Wehrli H. P. (2003): Handbuch Beschaffung, München und Wien

Braun, G. (2014): Verhandeln in Einkauf und Vertrieb, 2. A., Wiesbaden

Bredemeier, K. (2003): Schwarze Rhetorik, 4. A., München

Carnegie, D. & Associates/Crom,J. O., Crom, M. (2005): Der Verkäufer in Dir, Frankfurt am Main

Covey, S. R. (2013): The Seven Habits of Highly Effective People, 25. Ed., New York

Donaldson, M. C./Donaldson, M. (2005): Erfolgreich Verhandeln für Dummies, Weinheim

Erdmüller, A./ Wilhelm, T. (2007): Manipulationen, Planegg

Erdmüller, A./ Wilhelm, T. (2008): Manipulationstechniken, 5. A., Planegg

Fischer-Epe, M. (2002): Coaching: Miteinander Ziele erreichen, Reinbek bei Hamburg

Fisher, R./Ury, W./Patton, B. (2013): Das Harvard-Konzept, 24. A., Frankfurt am Main

Keller, H. (1998): Reden Zeigen Überzeugen, München und Wien

Keller, H. (2000): Rhetorik, Hart verhandeln – erfolgreich argumentieren, München und Wien

Menthe, T./Sieg, M. (2013): Kundennutzen: die Basis für den Verkauf, Wiesbaden

Mohl, Alexa (2006): Der große Zauberlehrling. Das NLP-Arbeitsbuch für Lernende und Anwender. Teil 1 und 2, Paderborn

Molcho, S. (2010): Körpersprache des Erfolges, 8. A., München

Navarro, J. (2011): Menschen lesen, 5. A., München

Niermeyer, R. (2010): Mythos Authenzität, Frankfurt am Main

O'Connor, J./Seymour, J. (2009):Neurolinguistisches Programmieren: Gelungene Kommunikation und persönliche Entfaltung, 20. A., Kirchzarten bei Freiburg

Pfützenreuter, J. (2009): Einkaufen wie Profis, Göttingen

Preußners, D. (2012): Sicher auftreten im technischen Vertrieb, 3. A., Wiesbaden

Rentzsch, H.-P. (2013): Kundenorientiert verkaufen im technischen Vertrieb, 5. A., Wiesbaden

Saum-Aldehoff, T. (2012): Big Five, 2. A., Ostfildern

Schmid-Egger, C./Krüll, C. (2012): Körpersprache, München

Schmitz, R./Spilker, U./Schmelzer, J. (2006): Strategische Verhandlungsvorbereitung: Ein Leitfaden mit Arbeitshilfen, Wiesbaden

Schranner, M. (2009): Teure Fehler, Berlin

Schranner, M. (2010): Verhandeln im Grenzbereich, 9. A., Berlin

Schulz von Thun, F. (2004): Miteinander Reden, 40. A., Reinbek bei Hamburg

Sickel, C. (2010): Verkaufsfaktor Kundennutzen: Konkreten Bedarf ermitteln, aus Kundensicht argumentieren, maßgeschneiderte Lösungen präsentieren, 5. A., Wiesbaden

Thiele, A. (2010): Argumentieren unter Stress, 8. A., München

Thieme K. H./Fischer, R./Sostmann, M./SellingPower-Trainerteam (2012): Preisdruck? Na und!, 5. A., Uffing am Staffelsee

Wannenwetsch, H. (2006): Erfolgreiche Verhandlungsführung in Einkauf und Logistik, 2. A., Berlin und Heidelberg

REGISTER